APLICAÇÕES DE ENGENHARIA DA MANUTENÇÃO EM GESTÃO DE ATIVOS

(Série Engenharia da Manutenção Aplicada)

Organizador

Herbert Ricardo Garcia Viana

APLICAÇÕES DE ENGENHARIA DA MANUTENÇÃO EM GESTÃO DE ATIVOS

(Série Engenharia da Manutenção Aplicada)

Natal/2024

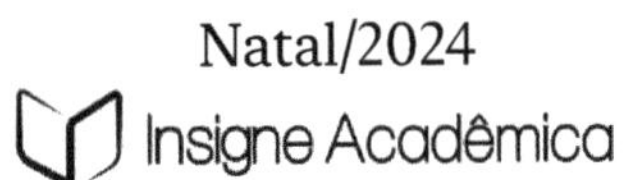

INFORMAÇÕES EDITORIAIS

Tipo de produção: bibliográfica
Subtipo de produção: livro
Tiragem: livro impresso por demanda
Reedição: não
Reimpressão: não
Meio de divulgação: livro impresso
URL: https://clubedeautores.com.br/livros/autores/insigne-academica
Idioma: português (Brasil)
Cidade: Natal
Estado: Rio Grande do Norte
País: Brasil
Natureza da obra: série
Natureza do conteúdo: resultado de pesquisas científicas
Natureza do texto: pesquisas afins e grupos de pesquisa em rede
Origem da obra: resultado do IV SBGA: Seminário Brasileiro de Gestão de Ativos
Área de concentração: Engenharia da Manutenção e Gestão de Ativos
Tipo da contribuição na obra: completa
Tipo de editora: editora brasileira comercial
Nome da editora: Insigne Acadêmica
Cidade da editora: Natal/RN
Financiamento: próprio
Conselho editorial: membros nacionais e internacionais
Distribuição e acesso: universal livre
Informações sobre autores: sim
Parecer e revisão por pares: sim
Índice remissivo: não
Premiação: não se aplica
Tradução da obra: não
Leitor preferencial: pesquisadores, docentes, discentes e profissionais da área da Engenharia da Manutenção e afins

Instagram: @insigneacademica
Site: www.insigneacademica.com.br

Coordenação Editorial: Insigne Acadêmica
Capa | Diagramação | Projeto Gráfico: Insigne Acadêmica
Revisão linguística: autores

Av. Engenheiro Roberto Freire, n. 1962 – Loja 13
Capim Macio | 59.082-095 | Natal-RN | Brasil
E-mail: insigneacademica@gmail.com
Telefone: +55 (84) 99229-3892

Catalogação da Publicação da Fonte.

A642

Aplicações de engenharia da manutenção em gestão de ativos / Organizador : Herbert Ricardo Garcia Viana. – Natal: Insigne Acadêmica, 2024.
226 p. : v. 1.

Inclui referências.
Série Engenharia da Manutenção Aplicada.
ISBN 978-65-981965-4-7.

1. Engenharia da manutenção. 2. Gestão de ativos. 3. Manutenção industrial. 4. Gestão industrial 5. Sustentabilidade. I. Viana, Herbert Ricardo Garcia. II. Título. III. Série.

CDU 620

Ficha catalográfica elaborada por Shirley de Carvalho Guedes. CRB/15 – 440.

SUMÁRIO

APRESENTAÇÃO DA SÉRIE

A Série Engenharia da Manutenção Aplicada é uma iniciativa inovadora que emerge da necessidade de compartilhar conhecimentos e pesquisas de ponta na área de Engenharia da Manutenção. Esta série é fruto dos esforços conjuntos do "LABMAN - Laboratório de Estudos Avançados em Manutenção e Engenharia da Confiabilidade" e do Grupo de Pesquisa "Engenharia de Operações, Otimização e Inovação Organizacional", afiliados à Universidade Federal do Rio Grande do Norte (UFRN).

Neste contexto acadêmico, a série visa divulgar trabalhos de alto nível, desenvolvidos tanto no âmbito de graduação quanto de pós-graduação, focando especialmente na aplicação prática da Engenharia da Manutenção em diversos setores industriais. Estes trabalhos se destacam pela excelência e relevância, abordando temas como manutenção preditiva, preventiva, técnicas de diagnóstico de falhas, e inovações tecnológicas no campo da manutenção industrial e de equipamentos móveis.

A Série Engenharia da Manutenção Aplicada não apenas contribui significativamente para o avanço acadêmico e profissional na área, mas também oferece percepções valiosas e soluções aplicáveis ao setor industrial. Com esta série, espera-se inspirar futuras pesquisas e práticas na Engenharia da Manutenção, fortalecendo a ligação entre o conhecimento teórico e suas aplicações práticas no mundo real.

Prof. Dr. Herbert Ricardo Garcia Viana.
Professor na Universidade Federal do Rio Grande do Norte (UFRN).
Doutor em Engenharia de Produção pela Universidade Federal do Rio Grande do Sul (UFRGS).

APRESENTAÇÃO DA OBRA

A engenharia da manutenção, um campo vital para a sustentabilidade e eficiência operacional de diversas indústrias, encontra uma expressiva representação nesta obra coletiva. "Aplicações de Engenharia da Manutenção em Gestão de Ativos" é uma compilação abrangente de estudos e pesquisas que refletem o estado da arte na gestão de ativos e na manutenção industrial. Composta por dez capítulos, cada um contribuído por especialistas e acadêmicos renomados, este livro aborda uma variedade de tópicos relevantes para o setor, desde a aplicação de metodologias avançadas, como FMEA e DMAIC, até inovações em *deep learning* para processos de montagem.

O livro é fruto da colaboração entre o "LABMAN - Laboratório de Estudos Avançados em Manutenção e Engenharia da Confiabilidade" e o Grupo de Pesquisa "Engenharia de Operações, Otimização e Inovação Organizacional", ambos afiliados à Universidade Federal do Rio Grande do Norte (UFRN). Este esforço conjunto reflete um compromisso com a excelência acadêmica e a aplicação prática do conhecimento, servindo como uma ponte entre a teoria e a prática na Engenharia da Manutenção.

No Capítulo 1, Manoel Fabricio da Silva Neto e Gabriel Jonatas Santos Netzlaff mergulham no uso da Análise de Modos de Falha e Efeitos (FMEA) em tratores de alta potência. Eles demonstram como essa metodologia pode ser eficaz na identificação e prevenção de falhas em equipamentos críticos, essencial para operações de produção de grande escala.

No Capítulo 2, Herbert Ricardo Garcia Viana, Roni Neon Sousa Freire e Gustavo Lopes da Silva apresentam um estudo de caso sobre a avaliação da maturidade da manutenção em uma empresa de mineração. Eles discutem a importância de estruturas maduras de manutenção para a eficiência operacional e sustentabilidade das operações de mineração.

No Capítulo 3, Renan Di Pace Arruda, Pedro Felipe de Carvalho Araújo, Igor Bispo da Silva e Fernando Hugo Andrade e Silva focam na aplicação da metodologia DMAIC para tratar perdas e eliminar falhas em uma usina sucroenergética. Este capítulo realça a aplicabilidade dessa ferramenta de melhoria de qualidade na indústria sucroenergética.

No Capítulo 4, Gilmar Pereira Rios e Israel Rocha discutem técnicas de análise prognóstica em motores síncronos utilizados em moinhos de bolas. O capítulo explora métodos para prever falhas e melhorar a manutenção, garantindo assim maior confiabilidade e eficiência nos processos industriais.

No Capítulo 5, Klauber Rodolfo Rodrigues de Oliveira, Pedro Felipe de Carvalho Araújo e Fernando Hugo Andrade e Silva abordam estratégias para mitigar perdas no setor de manutenção automotiva em usinas sucroenergéticas. Este capítulo ressalta a importância de uma gestão eficaz de manutenção para maximizar a eficiência operacional e reduzir custos.

No Capítulo 6, Gabriel Jonatas Santos Netzlaff traz uma perspectiva inovadora sobre a aplicação de reconhecimento de imagens e deep learning para aprimorar processos de montagem de cubos. Este capítulo destaca como as tecnologias de inteligência artificial podem ser utilizadas para aumentar a qualidade e eficiência na manutenção.

No Capítulo 7, Antônio José Campos Ribas Tameirão, Victor Pedrote Cesconetto e William Ludovico Homem apresentam o "IOptimum", uma ferramenta inovadora que utiliza inteligência artificial para gerar cronogramas otimizados de manutenção. Este capítulo demonstra o potencial da IA na transformação dos processos de manutenção.

No Capítulo 8, José Cléber Rodrigues da Silva e Rogério José Marczak exploram a aplicação de métodos de elementos discretos (DEM) na simulação de fluxo de minério de ferro. Este estudo aprofunda o conhecimento sobre a otimização de processos em equipamentos de beneficiamento mineral.

No Capítulo 9, Willian de Castro Toledo se debruça sobre métodos de estimativa da vida útil de correias transportadoras, utilizando regressão linear. Este capítulo é crucial para compreender a manutenção preditiva e a gestão de riscos em equipamentos de transporte.

No Capítulo 10, Maria Adalia de Almeida Ramos, Pedro Felipe de Carvalho Araújo e Fernando Hugo Andrade e Silva discutem testes de novos equipamentos e materiais, focando nas facas de corte de base em colhedoras de cana-de-açúcar. Este capítulo ilustra a importância da inovação e testes rigorosos na manutenção de equipamentos agrícolas.

Cada um desses capítulos reflete o esforço contínuo dos autores e dos grupos de pesquisa associados em promover avanços significativos no campo da engenharia da manutenção e gestão de ativos, oferecendo um leque de conhecimentos práticos e teóricos para profissionais e acadêmicos do setor.

Insigne Acadêmica.

SOBRE O ORGANIZADOR

Herbert Ricardo Garcia Viana

Professor na Universidade Federal do Rio Grande do Norte (UFRN) desde 2016. Graduado em Engenharia Mecânica pela Universidade Federal de Campina Grande (1997), em Direito pela Universidade Estadual da Paraíba (1998). Mestre em Engenharia Mecânica pela Universidade Federal da Paraíba (2008). Doutor em Engenharia de Produção pela Universidade Federal do Rio Grande do Sul (2013). Especialista em Tecnologia Mineral pela Universidade Federal do Pará (2007) e em Gestão Empresarial pela Pontifícia Universidade Católica de Campinas - SP (2003). Ex-executivo de operações como líder de equipes na Vale (2006 a 2016), Votorantim (2003 a 2006), Mineração Rio do Norte (1999 a 2003) e Ambev (1997 a 1999), responsável por diversos processos de mudança em áreas de produção, engenharia e manutenção. Escritor com títulos *best sellers* na área da Gestão da Manutenção, como o livro "PCM – Planejamento e Controle da Manutenção" e o livro "Manual de Gestão da Manutenção Volumes 1 e 2". Palestrante e pesquisador nos temas da engenharia de operações, com diversos artigos publicados em revistas nacionais e estrangeiras, bem como em congressos e seminários.

Lattes: http://lattes.cnpq.br/4617469809005234.
E-mail: herbert.viana@ufrn.br.

SOBRE OS AUTORES

Antônio José Campos Ribas Tameirão
Graduado em Engenharia Mecânica pela Universidade Federal do Espírito Santo. Atua como cientista de dados na IndustriALL.
E-mail: antonio.tameirao@industriall.ai.

Fernando Hugo Andrade e Silva
Mestrando em Engenharia Mecânica pela Universidade Federal de Campina Grande - UFCG. Especialista em Gestão de Projetos pela Faculdade Getúlio Vargas - FGV. Graduado em Engenharia Mecânica - UFCG.
E-mail: fernandohas@gmail.com.

Gabriel Jonatas Santos Netzlaff
Graduado em Engenharia Mecânica pela Universidade de São Paulo (USP). MBA em Data Science e Analytics pela Universidade de São Paulo (USP). Engenheiro de Manutenção Corporativo na Raízen.
E-mail: gabrielnetz@gmail.com.

Gilmar Pereira Rios
Especialista em Data Science e Analytics pela USP/Esalq. Especialista em Engenharia de IoT-Internet das Coisas pela Unyleya. Especialista em Gestão Estratégica de Negócios pela Universidade Pitágoras Paragominas/PA. Graduado em Engenharia Elétrica na Faculdade Pio Décimo Aracaju/SE.
E-mail: inserir e-mail.

Gustavo Lopes da Silva
Mestrando pela UniFBV Wyden. Especialista em Engenharia da Manutenção pela Pontifícia Universidade Católica do Rio Grande do Sul. Bacharel em Gestão Empresarial pela Universidade da Amazônia (UNAMA).
E-mail: gustavo.lopes@hydro.com.

Herbert Ricardo Garcia Viana
Professor na Universidade Federal do Rio Grande do Norte (UFRN) desde 2016. Graduado em Engenharia Mecânica pela Universidade Federal de Campina Grande (1997), em Direito pela Universidade Estadual da Paraíba (1998). Mestre em Engenharia Mecânica pela Universidade Federal da Paraíba (2008). Doutor em Engenharia de Produção pela Universidade Federal do Rio Grande do Sul (2013). Especialista em Tecnologia Mineral pela Universidade Federal do Pará (2007) e em Gestão Empresarial pela Pontifícia Universidade Católica de Campinas – SP (2003).
E-mail: herbert.viana@ufrn.br.

Igor Bispo da Silva
Graduado em Engenharia Mecânica pela Universidade Federal de Campina Grande (UFCG). Engenheiro Mecânico na Usina Coruripe Açúcar e Álcool.
E-mail: igorbispodasilva@gmail.com.

Israel Oliveira Rocha
Mestrado em Engenharia Química e Especialista em Engenharia da Qualidade pela Universidade Federal do Pará (UFPA). Especialista em Data Science e Analytics pela USP/Esalq. Graduado em Engenharia de Produção pela Universidade do Estado do Pará (UEPA).
E-mail: israel.rocha@hydro.com.

José Cléber Rodrigues da Silva
Doutorando em Engenharia Mecânica pela Universidade Federal do Rio Grande do Sul - UFRGS. Mestre em Engenharia Mecânica pela Universidade Federal do Rio Grande - FURG. Especialista em Simulação Computacional pelo Instituto ESSS - IESSS. Especialista em Engenharia da Manutenção pela Universidade Federal de Ouro Preto - UFOP. Graduado em Engenharia Mecânica pela Universidade Federal de Campina Grande - UFCG. Técnico de Telecomunicações pela Escola Técnica Redentorista - ETER. Coordenador de Engenharia de Confiabilidade na Vale S/A Unidade Carajás – PA.
E-mail: jcleberrsilva@gamail.com.

Klauber Rodolfo Rodrigues de Oliveira
Graduado em Engenharia Mecânica pela Universidade Federal de Campina Grande (UFCG). Líder de Manutenção Automotiva pela Usina Coruripe Açúcar e Álcool.
E-mail: klauberr@gmail.com.

Manoel Fabrício da Silva Neto
Graduado em Engenharia Mecânica pela Escola de Engenharia de Piracicaba - EEP. Engenheiro de Manutenção Automotiva na Raízen.
E-mail: manoel.fabricio14@gmail.com.

Maria Adalia de Almeida Ramos
Graduada em Engenharia Mecânica pela Universidade Federal de Campina Grande (UFCG). Pós-graduanda em Engenharia da Manutenção e Confiabilidade (UNINTER). Pós-graduanda em Energias Renováveis (UNINTER). Analista de PCM Pleno pela Usina Coruripe Açúcar e Álcool.
E-mail: adalia082@gmail.com.

Pedro Felipe de Carvalho Araújo
Graduado em Engenharia Mecânica pela Universidade Federal de Campina Grande (UFCG). Possui MBA em Gestão de Projetos pela Fundação Getúlio Vargas (FGV). Pós-graduando em MBA em Gestão do Agronegócio pela Universidade de São Paulo (USP). Pós-graduando em Engenharia de Operações e Gestão de Ativos pela Universidade Federal do Rio Grande do

Norte (UFRN). Mais de 10 anos de atuação no setor sucroenergético. Coordenador de Manutenção Agrícola na Usina Coruripe Açúcar e Álcool.
E-mail: felipecarvalhopj@gmail.com.

Renan Di Pace Arruda
Doutorando em Engenharia Mecânica pela Universidade Federal da Paraíba. Mestre e Graduado em Engenharia Mecânica pela Universidade Federal de Campina Grande.
E-mail: renandipace@gmail.com.

Rogério José Marczak
Pós-Doutor em Engenharia Mecânica pela Rutgers, the State University of New Jersey, Rutgers – CL. Doutor em Engenharia Civil pela Universidade Federal do Rio Grande do Sul - UFRGS. Mestre em Engenharia Mecânica pela Universidade Federal de Santa Catarina - UFSC. Engenheiro Mecânico pela Universidade Federal de Santa Catarina – UFSC. Professor Titular do Departamento. Engenharia Mecânica da Universidade Federal do Rio Grande do Sul – UFRGS. Área: Engenharia Mecânica / Subárea: Mecânica dos Sólidos/Especialidade: Mecânica dos Corpos Sólidos, Elásticos e Plásticos, Métodos Computacionais. Editor associado da Latin American Journal of Solids & Structures.
E-mail: rato@mecanica.ufrgs.br.

Roni Neon Sousa Freire
Especialista em Engenharia de Produção pela Universidade Candido Mendes. Pós-graduando em Engenharia da Manutenção pela UFRJ. Graduado em Engenharia Ambiental pela Universidade Estadual do Pará (UEPA). Coordena o Programa de Diagnóstico do Sistema de Gestão da Manutenção de Excelência na Mineração Paragominas - Hydro Brasil.
E-mail: roni.freire@hydro.com.

Victor Pedrote Cesconetto
Graduado em Engenharia Elétrica pela Universidade Federal do Espírito Santo. Atua como cientista de dados na IndustriALL.
E-mail: victor.cesconetto@industriall.ai.

William Ludovico Homem
Graduado em Engenharia Mecânica pela Universidade Federal do Espírito Santo. Atua como cientista de dados na IndustriALL.
E-mail: william.homem@industriall.ai.

Willian de Castro Toledo
Graduado em Engenharia Mecânica pela Universidade do Leste de Minas Gerais, Unileste – MG. Membro do grupo de estudo em transportador de correia da ABNT CE-004:010.02.
E-mail: williancastro86@hotmail.com.

CAPÍTULO 1

APLICAÇÃO DA FMEA EM TRATORES COM POTÊNCIA SUPERIOR A 260CV ALOCADOS EM OPERAÇÕES DA PRODUÇÃO

Manoel Fabrício da Silva Neto
Graduado em Engenharia Mecânica pela Escola de Engenharia de Piracicaba - EEP. Engenheiro de Manutenção Automotiva na Raízen.
E-mail: manoel.fabricio14@gmail.com.

Gabriel Jonatas Santos Netzlaff
Graduado em Engenharia Mecânica pela Universidade de São Paulo (USP). MBA em Data Science e Analytics pela Universidade de São Paulo (USP). Engenheiro de Manutenção Corporativo na Raízen.
E-mail: gabrielnetz@gmail.com.

1 INTRODUÇÃO

Com o propósito de redefinir o futuro da energia a partir de um amplo portfólio de soluções renováveis, a maior empresa sucroalcoleira do Brasil possui um modelo de atuação único e irreplicável, sendo protagonista em todos os setores em que atua e liderando a transição energética do País. Ao promover impacto positivo a todos os seus stakeholders, a empresa tem como compromisso produzir hoje a energia do futuro, por meio do crescimento sustentável lucrativo do negócio, orientada por metas factíveis, sólidas e alinhadas ao seu propósito.

Por meio de tecnologias avançadas e proprietárias, a maior empresa sucroalcoleira do Brasil tem ampliado seu portfólio de renováveis, como o etanol de segunda geração (E2G), o biogás, biometano e a bioeletricidade de fontes 100% limpas. Desde sua formação, a sucroalcoleira já evitou 30 milhões de toneladas de CO2 e tem como objetivo ampliar o potencial de descarbonização por meio de seus produtos para mais de 10 milhões de toneladas de CO2 evitados por ano. Ainda, a empresa tem como um de seus objetivos, ser o melhor parceiro na descarbonização, por isso, assumiu a meta de ter 80% do EBITDA de negócios e fontes renováveis até 2030.

Com um time de mais de 40 mil funcionários, opera 35 parques de bioenergia, com capacidade instalada para moagem de 105 milhões de toneladas de cana com cerca de 1,3 milhão de hectares de áreas agrícolas cultivadas com tecnologia de ponta e colheita totalmente mecanizada. Na safra 21´22, produziu 3,5 bilhões de litros de etanol, 6,2 milhões de toneladas de açúcar e 2,9 TWh de bioenergia produzida a partir da biomassa da cana.

Neste cenário, onde cada vez mais os recursos estão se tornando escassos, faz-se necessário o aprimoramento dos processos no intuito de buscar maior estabilidade na disponibilidade física dos nossos ativos, maior eficiência, melhor custo e o máximo de segurança, sendo estas a diretrizes que nortearam o desenvolvimento e a realização deste trabalho na empresa.

Acompanhando essa evolução rápida dos processos produtivos, o mercado passou a exigir uma redução na probabilidade de falha (perda da capacidade de um item de desempenhar a função requerida) e defeitos (desvio na característica de um item em relação aos seus requisitos) nas máquinas e produtos. Falhas essas que aumentariam os custos associados aos produtos ou que implicariam sérios riscos ambientais ou à segurança dos clientes. Desse modo, resultou-se em uma ênfase crescente para melhoria dos setores de manutenção e confiabilidade industrial (Fogliatto, 2011).

Nos últimos 40 anos, a manutenção vem mudando constantemente, tanto em termos de qualidade quanto em termos de escopo. Segundo Moubray (1997), para sustentar as expectativas de mercado de alto desempenho e segurança a um custo viável, o time de engenharia e de gestão de manutenção das indústrias estão adaptando suas a formas de pensar e de resolver problemas utilizando metodologias de solução de problemas eficientes, enxutas em conjunto com a constante atualização tecnológica.

Um dos modelos de gestão mais eficientes está descrito na ABNT NBR ISO 55000 (2014), conhecido como Gestão de ativos. O modelo mental de manutenção deixa de ser algo relacionado apenas com a "correção de falhas" e passa a ser relacionada com a gestão dos ativos para obter o maior valor possível dos ativos no setor industrial. De maneira mais simplificada, em vez de esperarmos uma máquina na linha de produção quebrar, gerar custos de reparo e baixa na capacidade produtiva da indústria, a gestão desses ativos define as melhores políticas de manutenção preventiva e corretiva (NBR-5462) para reduzir custos, lucros cessantes e riscos aos colaboradores da empresa. Sendo assim, é possível com a aplicação da confiabilidade através da ferramenta FMEA obtermos resultados significativos na performance e gestão de nossos ativos?

1.1 OBJETIVO

Adotando as informações acima como premissas, podemos formalizar o objetivo do estudo:

Aumentar a disponibilidade dos tratores com potência superior a 260cv em campo e reduzir o custo com manutenção corretiva, na região de Araraquara, composto por quatro parques de bioenergia na Safra 21'22, através do aumento do MTBF partindo pela definição do sistema crítico (transmissão), aplicação da metodologia FMEA, com saídas / ações estruturadas para otimização do plano de manutenção preventiva, aumento do índice de detecção e redução do índice de ocorrência das falhas identificadas.

2 MATERIAIS E MÉTODOS

Podemos classificar este trabalho como Pesquisa-Ação. Conforme Turrioni e Mello (2012), "Thiollent (2005) explica que uma pesquisa pode ser qualificada de pesquisa-ação quando houver realmente uma ação por parte das pessoas ou grupos implicados no problema sob observação. Além disso, é preciso que a ação seja uma ação não-trivial, o que quer dizer uma ação problemática merecendo investigação para ser elaborada e conduzida. Na pesquisa-ação os pesquisadores desempenham um papel ativo no equacionamento dos problemas encontrados, no acompanhamento e na avaliação das ações desencadeadas em função dos problemas."

O trabalho foi desenvolvido em um dos quatro parques de bioenergia da região de Araraquara, onde as ações foram estendidas aos demais três parques. A iniciativa constituiu-se de duas etapas. Na primeira, ocorreu a identificação do sistema crítico dos tratores com potência superior a 260cv e para este com a equipe multidisciplinar foi elaborado toda a parte documental do FMEA. Na segunda parte foi o momento de executar, acompanhar e gerir as ações resultantes do FMEA, bem como o mapeamento dos resultados proporcionados após a execução das ações.

Figura 1. Etapas da pesquisa

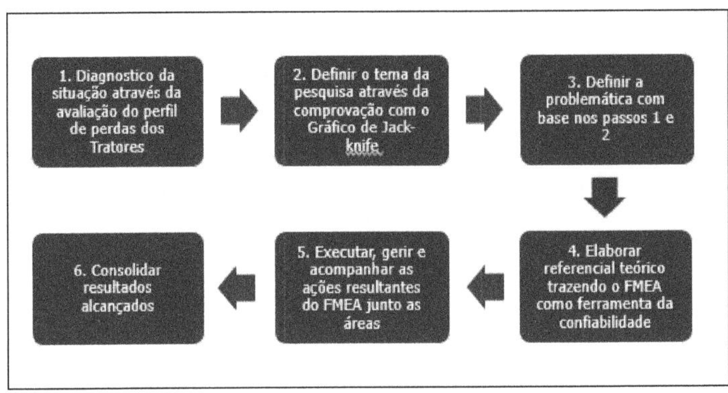

Fonte: Próprio Autor

3 DESENVOLVIMENTO

Para a identificação do sistema crítico dos tratores com potência superior a 260cv, utilizou-se da técnica do Perfil de Perdas, através da avaliação desse indicador que abrangeu os 4 parques de bioenergia da região de Araraquara, compreendendo um total de 33 Tratores no período de junho/2021, representados por duas grandes marcas, aqui chamadas de marca A e marca B.

Figura 2. Perfil de perdas Tratores com potência superior a 260cv, marca A, da região de Araraquara na Safra 19'20

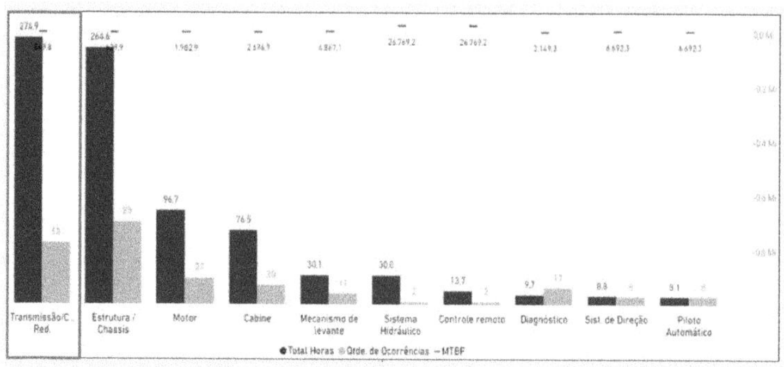

Fonte: Sistema informacional

Figura 3. Perfil de perdas Tratores com potência superior a 260cv, marca B, da região de Araraquara na Safra 19'20

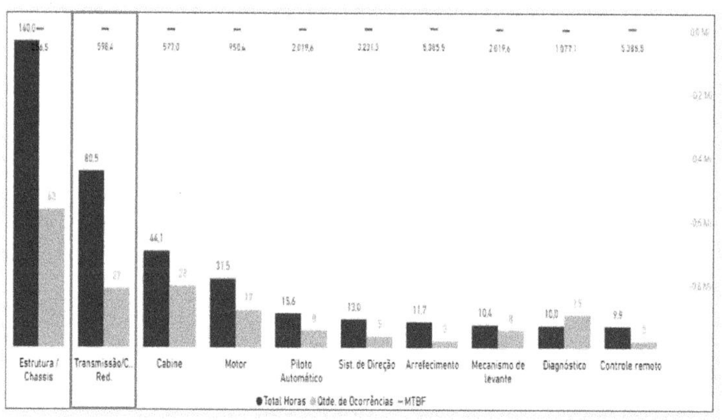

Fonte: Sistema informacional

Como forma de checar e confirmar as informações inicialmente coletadas com o Perfil de Perdas, utilizou-se também a técnica de Priorização por Impacto através dos gráficos de Jack-knife.

Figura 4. Priorização por impacto, marca A, da região de Araraquara na Safra 19'20

Fonte: Sistema informacional

Figura 5. Priorização por impacto, marca B, da região de Araraquara na Safra 19'20

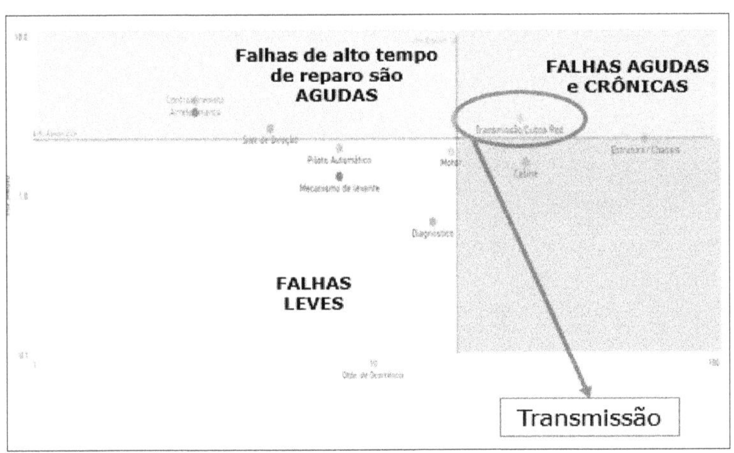

Fonte: Sistema informacional

Realizou-se então 7 encontros presenciais da equipe multidisciplinar do projeto, onde no primeiro encontrou, realizou-se a revisão bibliográfica com o nivelamento do conhecimento na metodologia FMEA, e nos procedimentos referentes a confiabilidade existente na companhia, bem como, a revisão técnica sobre o sistema de transmissão, através de manuais do fabricante dos equipamentos.

O formulário, em Excel, nomeado como Formulário Análise de Modos de Falha e Efeito Padrão, é o formulário padrão utilizado para elaborar o FMEA na manutenção automotiva da companhia.

O primeiro passo foi o preenchimento do cabeçalho do formulário.

Figura 6. Informações básicas do formulário de definição de estratégia da manutenção

Análise de Modos de Falha e Efeito - Engenharia de Manutenção Automotiva					
Unidade:	Unidade de Origem do Estudo	Data:	Informar data do início do estudo	Código do Modelo:	Código cadastrado no Manfro
Responsável:	Responsável(is) pela condução do estudo (Engenheiro(a))	Revisão:	Número da revisão (Informar como 00 caso for a primeira versão)	Descrição do Modelo:	Informar a descrição do modleo cadastrada no Manfro
Equipe:	Informar os nomes de toda equipe envolvida na elaboração da análise				

Fonte: Autor

Como segundo passo, foi desenvolvido o diagrama de bloco para o sistema de transmissão, para facilitar a compreensão e maior entendimento do sistema e seus subsistemas

Figura 7. Diagrama de Blocos do sistema de transmissão dos tratores com potência superior a 260cv desenvolvido pela equipe do estudo/projeto

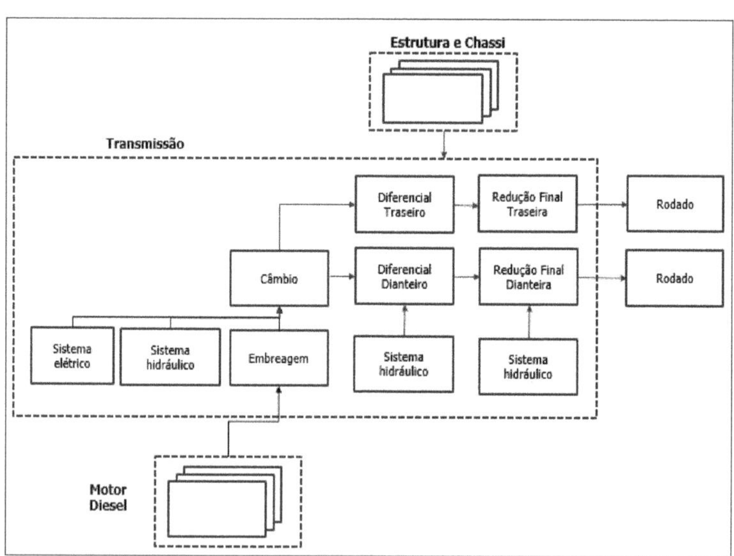

Fonte: Autor

Na sequência como o terceiro passo, foi a definição dos Modos de Falha e Efeitos para os subsistemas que compõem o sistema de transmissão dos tratores com potência superior a 260cv, em conjunto com toda equipe multidisciplinar.

As descrições do Sistema e Subsistema seguiram os mesmos moldes dos cadastrados no sistema informático usado pela companhia, de modo a garantir a padronização (exemplificado na Figura 8)

Figura 8. Informações básicas do formulário de definição de estratégia da manutenção

Sistem	Subsistem	Função	Modo de Falha (sintomas)	Efeito
TRANSMISSÃO	Elétrico	Fornecer energia elétrica ao sistema de transmissão	Código de falha no painel referente aos sensores e atuadores dos pacotes	Parada parcial do equipamento
	Hidráulico	Lubrificar as partes do sistema de transmissão, diminuindo o atrito e evitando problemas como o desgaste excessivo das partes	Barulho anormal no sistema hidraúlico	O modo de falha pode não afetar imediantamente o desempenho do equipamento, mas pode ser identificado no momento de operação do equipamento
	Embreagem	Interromper o movimento do motor para as rodas, possibilitando o início e o fim do movimento do trator de	Alarme da embreagem acionado no painel do equipamento	O modo de falha pode não afetar imediantamente o desempenho do equipamento, mas pode ser identificado no momento de operação do equipamento

Fonte: Procedimento interno

A Determinação do Risco foi o quarto passo. Para a avaliação do risco foi feita utilizando o número de prioridade de risco (NPR), que é o produto da classificação de Severidade, Ocorrência e Detecção. Cada um desses parâmetros possui um índice relacionado a um critério que classifica seu nível.

Severidade - o nível de severidade é encontrado a partir do conjunto de consequências operacionais, financeiras e de SSMA que o determinado modo de falha pode causar, como pode ser observado na figura 9. Durante a análise, deve-se inserir no campo "Severidade" do formulário principal (Figura 10). pode causar, como pode ser observado na figura 8. Durante a análise, deve-se inserir no campo "Severidade" do formulário principal (Figura 10)

Figura 9. Critérios para a seleção do nível de severidade

Severidade	Descrição	Escala
Muito Alta (SSMA)	Quando compromete a segurança da operação ou envolve infração a regulamentos governamentais	10
Alta	Perda significativa do desempenho do sistema, inviabilizando sua operação. Tempo de reparo acima de duas horas	9
Moderada	Perda significativa do desempenho do sistema, inviabilizando sua operação. Tempo de reparo de até duas horas	7
Baixa	Queda aparente no desempenho e mau funcionamento do sistema, provocando alguma insatisfação da operação	5
Muito Baixa	Redução da capacidade de operação do equipamento, provocando leve insatisfação da operação	3
Mínima	Falha que afeta minimamente o desempenho do sistema, sem percepção da operação	1

Fonte: Procedimento interno

Figura 10. Exemplo de preenchimento do nível de severidade

Sistem	Subsistem	Função	Modo de Falha (sintomas)	Efeito	Sev.
TRANSMISSÃO	Elétrico	Fornecer energia elétrica ao sistema de transmissão	Código de falha no painel referente aos sensores e atuadores dos pacotes	Parada parcial do equipamento	5
					5
					5
	Hidráulico	Lubrificar as partes do sistema de transmissão, diminuindo o atrito e evitando problemas como o desgaste excessivo das partes	Barulho anormal no sistema hidraúlico	O modo de falha pode não afetar imediantamente o desempenho do equipamento, mas pode ser identificado no momento de operação do equipamento	5
					3
					5
	Embreagem	Interromper o movimento do motor para as rodas, possibilitando o início e o fim do movimento do trator de	Alarme da embreagem acionado no painel do equipamento	O modo de falha pode não afetar imediantamente o desempenho do equipamento, mas pode ser identificado no momento de operação do equipamento	3
					3
					1

Fonte: Autor

Para determinar o próximo índice, foi estimado a probabilidade de ocorrência das causas mais relevantes de cada modo de falha, conforme exemplificado na Figura 11. Como pode-se observar na Figura 12, existem 3 critérios diferentes para a classificação do nível de severidade e dependem da métrica mais adequada para mensurar a utilização do equipamento. Após a seleção do critério foi preenchido o índice de ocorrência no formulário principal (Figura 11).

Figura 11. Exemplo de preenchimento das causas vinculadas a cada modo de falha e do nível de ocorrência

Sistem	Subsistem	Função	Modo de Falha (sintomas)	Efeito	Sev	Causas/Mecanismos potenciais de falha	Ocor
TRANSMISSÃO	Elétrico	Fornecer energia elétrica ao sistema de transmissão	Código de falha no painel referente aos sensores e atuadores dos pacotes	Parada parcial do equipamento	5	Chicote elétrico dos pacotes rompido	3
					5	Fim de vida util dos sensores	3
					5	Fim de vida util dos contatos	3
	Hidráulico	Lubrificar as partes do sistema de transmissão, diminuindo o atrito e evitando problemas como o desgaste excessivo das partes	Barulho anormal no sistema hidraúlico	O modo de falha pode não afetar imediantamente o desempenho do equipamento, mas pode ser identificado no momento de operação do equipamento	5	Baixa pressão de óleo no sistema	7
					3	Vazamento de óleo do sistema	5
					5	Contaminação no óleo do sistema	5

Fonte: Autor

Figura 12. Exemplo de preenchimento das causas vinculadas a cada modo de falha e do nível de ocorrência

Probabilidade	Taxa de ocorrência			Índice de Ocorrência
	Horímetro	Hodômetro	Sem horímetro/hodômetro ou baixo deslocamento	
Muito Alta	Abaixo de 20 horas de operação	Abaixo de 300 km rodados	Abaixo de 7 dias de utilização	10
Alta	Entre 20 à 400 horas de operação	Entre 300 km à 5.000 km rodados	Entre 7 à 30 dias de utilização	9
Moderada	Entre 400 à 1.200 horas de operação	Entre 5.000 km à 20.000 km rodados	Entre 30 à 90 dias de utilização	7
Baixa	Entre 1.200 à 3.000 horas de operação	Entre 20.000 km a 70.000 km rodados	Entre 90 dias à 1 ano de utilização	5
Muito baixa	Entre 3.000 à 9.000 horas de operação	Entre 70.000 km à 210.000 km rodados	Entre 1 à 3 anos de utilização	3
Remota	Acima de 9.000 horas de operação	Acima de 210.000 km rodados	Acima de 3 anos de utilização	1

Fonte: Procedimento interno

Dando sequência, a Detecção é um índice que representa a capacidade de prever ou identificar a falha. Desse modo, foi preenchido o campo com a prática atual de controle para a falha. Em seguida, selecionou-se o índice de detecção segundo os critérios apresentados na Figura 13. O resultado dessa etapa está exemplificado na Figura 14).

Figura 13. Critérios para seleção do nível de detecção

Detecção	Critério	Escala
Quase impossível	O método de controle não irá detectar esse modo de falha	10
Remota	O método de controle provavelmente não irá detectar	9
Baixa	Há uma probabilidade baixa do metodo de controle detectar	7
Moderada	O método de controle pode detectar o modo de falha	5
Alta	Há uma alta probabilidade do método de controle detectar o modo de falha	3
Muito Alta	É quase certo que o método de controle é capaz de detectar o modo de falha	1

Fonte: Procedimento interno

Figura 14. Exemplo de preenchimento da prática atual vinculada a cada causa e do nível de detecção

Sistem	Subsistem	Função	Modo de Falha (sintomas)	Efeito	Sev	Causas/Mecanismos potenciais de falha	Ocor.	Controles de Prevenção e Detecção	Det.
TRANSMISSÃO	Elétrico	Fornecer energia elétrica ao sistema de transmissão	Código de falha no painel referente aos sensores e atuadores dos pacotes	Parada parcial do equipamento	5	Chicote elétrico dos pacotes rompido	3	Inspeção	5
					5	Fim de vida util dos sensores	3	Manutenção Corretiva	10
					5	Fim de vida util dos contatos	3	Manutenção Corretiva	10
	Hidráulico	Lubrificar as partes do sistema de transmissão, diminuindo o atrito e evitando problemas como o desgaste excessivo das partes	Barulho anormal no sistema hidráulico	O modo de falha pode não afetar imediantamente o desempenho do equipamento, mas pode ser identificado no momento de operação do equipamento	5	Baixa pressão de óleo no sistema	7	Inspeção sensitiva	7
					3	Vazamento de óleo do sistema	5	Manutenção preventiva sistematica e Inspeção	1
					5	Contaminação no óleo do sistema	5	Coleta de óleo e analise de óleo para detecção de desgaste dos componente internos	1

Fonte: Autor

Chegou-se então ao Número de Prioridade de Risco (NPR). Após o preenchimento de todos os índices de risco, o valor do NPR foi calculado, conforme equação (1).

NPR = Ocorrência x Severidade x Detecção (1)

Os documentos de FMEA foram dois, um para a marca A e um para a marca B. O NPR para os Tratores da marca A foi igual a 2863 pontos. O NPR para os Tratores de marca B foi igual a 1861 pontos.

Após a análise do NPR foram recomendadas as ações com potenciais de diminuição desse índice. O diagrama de decisão contido no formulário (documento de FMEA padrão da companhia) auxiliou nesta análise. As ações recomendadas podem conter:

- Plano básico de manutenção
- Inspeção operacional
- Manutenção Corretiva
- Manutenção sistemática por inspeção
- Manutenção preditiva por análise de óleo
- Manutenção preventiva sistemática
- Modificações equipamento
- Outros

O estudo continuou com o cálculo do novo Nível de Priorização de Rico (NPR), após as ações recomendadas, considerando os impactos das tarefas selecionadas; sendo na redução da ocorrência, da severidade ou no aumento da detecção.

Figura 15. Exemplo de preenchimento do novo Nível de Priorização de Rico (NPR), após as ações recomendadas

Efeito	Sev	Causas/Mecanismos potenciais de falha	Ocor	Controles de Prevenção e Detecção	Det	RPN	Ação Recomendada	Estratégia de Manutenção	Sev	Ocor	Det	RPN
Parada parcial do equipamento	5	Chicote elétrico dos pacotes rompido	3	Inspeção	5	75	NENHUMA		5	3	5	75
	5	Fim de vida util dos sensores	3	Manutenção Corretiva	10	150	Verificar o sistema elétrico, limpeza dos contatos, aplicar pasta de isolação (propor eletricista as preventivas tratores para realização das atividades)	Manutenção Preventiva Sistemática	5	3	5	75
	5	Fim de vida util dos contatos	3	Manutenção Corretiva	10	150	Verificar o sistema elétrico, limpeza dos contatos, aplicar pasta de isolação (propor eletricista as preventivas tratores para realização das atividades)	Manutenção Preventiva Sistemática	5	3	3	45
O modo de falha pode não afetar imediatamente o desempenho do equipamento, mas pode ser identificado no momento de operação do equipamento	5	Baixa pressão de óleo no sistema	7	Inspeção sensitiva	7	245	Verificar a pressão e temperatura do sistema hidraulico no painel do equipamento (MODELO 8260 e 8270 NÃO POSSUEM A ATIVIDADE ADICIONAR NA MPP 400 h ; 8345 JÁ POSSUI NA MPP 500 h)	Manutenção Preventiva Sistemática	5	3	3	45
	3	Vazamento de óleo do sistema	5	Manutenção preventiva sistematica e Inspeção sistematica	1	15	NENHUMA		3	5	1	15
	5	Contaminação no óleo do sistema	5	Coleta de óleo e analise de óleo para detecção de desgaste dos componente internos	1	25	NENHUMA		5	5	1	25

Fonte: Autor

4 RESULTADOS E DISCUSSÕES

O estudo foi realizado para as marcas A e B. Para os Tratores da Marca A os resultados com o FMEA foram:

- 45 mecanismos de falhas identificados;
- 15 ações recomendas;
- 7 novas atividades adicionadas ao Plano de Manutenção Sistemático;
- NRP antes do FMEA = 2062, NPR após ações resultantes do FMEA = 1642 (redução de aproximadamente 20%).

Para os Tratores da Marca B os resultados foram:

• 45 mecanismos de falhas identificados;
• 11 ações recomendas;
• Novas atividades adicionadas ao Plano de Manutenção Sistemático;
• NRP antes do FMEA = 1861, NPR após ações resultantes do FMEA = 1204 (redução de aproximadamente 35%).

Algumas ações tais como:

• Boletins de recomendações de Engenharia foram elaborados e divulgados para as equipes de execução de manutenção, bem como operadores do equipamento;
• Acompanhamento em loco das manutenções preventivas programadas de 1500 horas, onde as atividades resultantes das ações recomendadas do FMEA foram inseridas.
• Revisão e Divulgação de uma I.T. (Instrução Trabalho) Manutenção Preventiva em Pneus Agrícola - Emparelhamento de Pneus Agrícolas.

Todas as ações resultaram significativamente nos indicadores dos equipamentos, com relação a MTBF (Mean Time Between Failures) Tempo Médio Entre Falhas, abaixo o resultado para o período.

Figura 16. MTBF Acumulado Sistema de Transmissão Tratores Extra Pesado (h) – Região de Araraquara Safra 21'22.

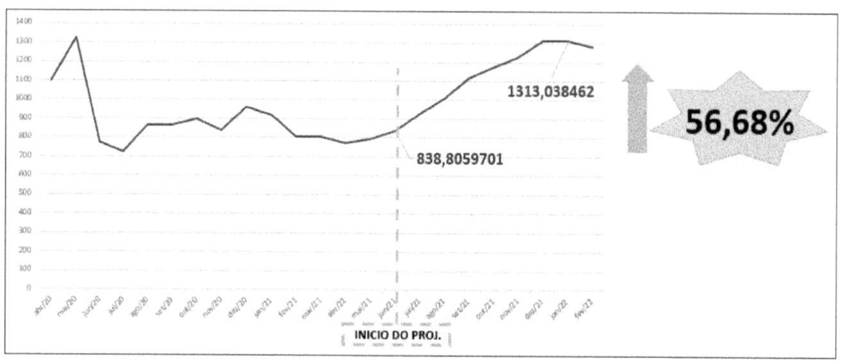

Fonte: Sistema informacional, Autor

Iniciou a execução e gestão das ações resultantes do FMEA em junho/2021, com o MTBF dos tratores com potência superior a 260cv, dos parques de bioenergia da região de Araraquara em 838,81 horas. Após 7 meses de acompanhamento, foi alcançado o MTBF de 1313 horas (em janeiro/2022), resultando no aumento de 56,68%.

Outros ganhos expressivos com relação a custo evitado com manutenção corretiva também foram captados. Foi analisado ambos os períodos, o período anterior ao projeto (de 01/06/2020 a 31/01/2022) e o período após ao projeto e implementação das ações (de 01/06/2021 a 31/01/2023), o resultado foi uma redução de 37,85% em custo de manutenção corretiva.

Atrelado à redução do custo com manutenção corretiva em $/h na região de Araraquara e maior disponibilidade do ativo físico, foi obtido um aumento na quantidade de horas operacionais dos tratores de 126% maior quando comparado os mesmos períodos (anterior e após) do projeto

5 CONCLUSÃO

A aplicação do FMEA no sistema de transmissão dos tratores com potência superior a 260 cv nos parques de bioenergia na região de Araraquara na Safra 21'22, em uma empresa sucroalcoleira mostrou que é possível elevar a confiabilidade desses equipamentos, a partir da implementação de estratégias de manutenção adequadas e que gerem resultados em custo e desempenho. Aliado a isso, a ferramenta auxilia na otimização da rotina de manutenção e preservação da saúde dos ativos, à medida que contribui para uma atuação cada vez mais preventiva nos equipamentos e o comprometimento e envolvimento direto da equipe de manutenção. Além disso, os ganhos também são percebidos para os âmbitos econômicos, operacionais.

A implementação de planos de manutenção mais estruturados e assertivos, minimiza os gastos excessivos com intervenções corretivas ou perdas irreparáveis de componentes. Para a operação agrícola, principal cliente interno do setor de manutenção, a disponibilidade física dos equipamentos favorece um contexto operacional mais estável e produtivo. As generalidades do método e das estratégias propostas viabilizam a aplicação desse trabalho em grande parte dos equipamentos Agrícolas. Na empresa estudada, o trabalho se estendeu dos sistemas / equipamentos Colhedora para os Tratores. Os trabalhos futuros relacionados ao estudo realizado devem estar pautados na melhoria contínua do processo, a fim de garantir cada vez mais confiabilidade dos equipamentos.

É importante que a tabela FMEA seja constantemente atualizada, principalmente em relação aos modos de falha, efeitos e as categorias de risco, de maneira a manter e evoluir a eficiência do método. Além disso, as atividades de manutenção sugeridas podem ser alteradas, de acordo com os objetivos estratégicos da organização ou desenvolvimento de novas tecnologias para o setor de manutenção de equipamentos Agrícolas. Por último, destaca-se a importância em avaliar novamente o risco estimado para os modos e efeitos das falhas, após implementação do método, com o propósito de verificar a real funcionalidade e desempenho das estratégias sugeridas.

REFERÊNCIAS

ASSOCIAÇÃO BRASILEIRA DE NORMAS TÉCNICAS - ABNT. **NBR 5462 - Confiabilidade e Mantenibilidade**. Rio de Janeiro. 1994.

ASSOCIAÇÃO BRASILEIRA DE NORMAS TÉCNICAS - ABNT. **NBR ISO 55000 - Gestão de Ativos - Visão geral, princípios e terminologias,** 2014.

FOGLIATTO, Flavio Sanson; RIBEIRO, José Luis Duarte. **Confiabilidade e manutenção industrial**. 1. ed. Rio de Janeiro: Elsevier, 2011.

MOUBRAY, John. **RCM II - Reliability Centered Maintenance**. 2. ed. Butterworht Heinemann. Reino Unido: Oxford OX2 8DP, 1997.

CAPÍTULO 2

MODELO DE AVALIAÇÃO DA MATURIDADE DA FUNÇÃO MANUTENÇÃO: UM ESTUDO DE CASO EM UMA MINERADORA

Herbert Ricardo Garcia Viana
Professor na Universidade Federal do Rio Grande do Norte (UFRN) desde 2016. Graduado em Engenharia Mecânica pela Universidade Federal de Campina Grande (1997), em Direito pela Universidade Estadual da Paraíba (1998). Mestre em Engenharia Mecânica pela Universidade Federal da Paraíba (2008). Doutor em Engenharia de Produção pela Universidade Federal do Rio Grande do Sul (2013). Especialista em Tecnologia Mineral pela Universidade Federal do Pará (2007) e em Gestão Empresarial pela Pontifícia Universidade Católica de Campinas - SP (2003).
E-mail: herbert.viana@ufrn.br.

Roni Neon Sousa Freire
Especialista em Engenharia de Produção pela Universidade Candido Mendes. Pós-graduando em Engenharia da Manutenção pela UFRJ. Graduado em Engenharia Ambiental pela Universidade Estadual do Pará (UEPA). Coordena o Programa de Diagnóstico do Sistema de Gestão da Manutenção de Excelência na Mineração Paragominas - Hydro Brasil.
E-mail: roni.freire@hydro.com.

Gustavo Lopes da Silva
Mestrando pela UniFBV Wyden. Especialista em Engenharia da Manutenção pela Pontifícia Universidade Católica do Rio Grande do Sul. Bacharel em Gestão Empresarial pela Universidade da Amazônia (UNAMA).
E-mail: gustavo.lopes@hydro.com.

1 INTRODUÇÃO

Viana (2021, p. 85) afirma que "a busca pela percepção de maturidade dos processos nos diversos campos de atuação de uma organização vem sendo um ponto de relevante importância na gestão empresarial". Um modelo de avaliação que verifique a maturidade da aplicação dos processos da Função Manutenção consiste em uma relevante ferramenta de checagem para as empresas e seus resultados, o que as torna habilitadas em identificar e propor mudanças com o objetivo de melhoria dos seus processos gerenciais.

Na Função Manutenção diversos níveis de maturidade foram apresentados ao longo dos anos por pesquisadores, sendo alguns deles apresentados na revisão da literatura deste artigo, este esforço objetiva a busca por um índice de maturidade na manutenção, capaz de apontar com fundamentação adequada, os estágios de maturidade em que uma organização está diante da sua gestão de processos praticada.

A avaliação da maturidade processual passa pela aplicação de um diagnóstico, semelhante a uma auditoria de certificação. Para ISO 19011 (2018), auditoria consiste no processo sistemático, independente e documentado para obter evidência objetiva e avaliá-la objetivamente, para determinar a extensão na qual os critérios de auditoria são atendidos.

Na "Auditoria" os auditores são externos, normalmente oriundos de uma entidade certificadora, e o modelo de referência adotado são normas como a ISO 9001, 14001 e 55001, entre outras. Percebe-se que o foco na auditoria consiste na aferição de um modelo, explorando diretrizes definidas em norma, e buscando o entendimento de como a empresa auditada atende a tais diretrizes, e se há eficácia neste atendimento.

Já no "Diagnóstico" os diagnosticadores são internos, que podem receber suporte de uma consultoria ao longo deste processo, normalmente se adota a formação de grupos de avaliadores de maneira cruzada, onde profissionais de um departamento avaliam outro, no sentido de fortalecer o aprendizado mútuo, bem como, oportunizar novas perspectivas sobre os processos diagnosticados.

Diante desta discussão surge a pergunta de pesquisa: "como avaliar a maturidade da Função Manutenção em uma mineradora de bauxita?".

2 OBJETIVOS

Este trabalho tem como objetivo geral o de propor um modelo de avaliação da maturidade da Função Manutenção em uma mineradora.

Como objetivos específicos tem-se:

(i) Investigar e estudar modelos de aferição da maturidade presentes na literatura;

(ii) Elaborar modelo de diagnóstico para avaliação da maturidade nos processos da Função Manutenção em uma mineradora;

(iii) Aplicar o modelo elaborando em um caso concreto.

3 JUSTIFICATIVA

Viana (2020, p. 43) afirma que uma "adequada Gestão de Ativos, passa necessariamente por uma Gestão da Manutenção bem articulada e competente", sendo que uma Função Manutenção ocupa lugar estratégico em operações de capital intensivo, o que justifica estudos na área.

Ademais, a pesquisa acadêmica no tema "sistema de gestão da manutenção" apresenta oportunidades de contribuições, note a FIGURA 1, nela observa-se a produção cientifica de artigos entre os anos de 2013 e 2023 em 12 países de maior produção acadêmica, publicados na base Scopus, com a seguinte combinação de palavras-chave: "management system" AND "maintenance".

Figura 1. Produção de artigos na base Scopus por país com as palavras-chave: "management system" AND "maintenance" entre 2013-2023

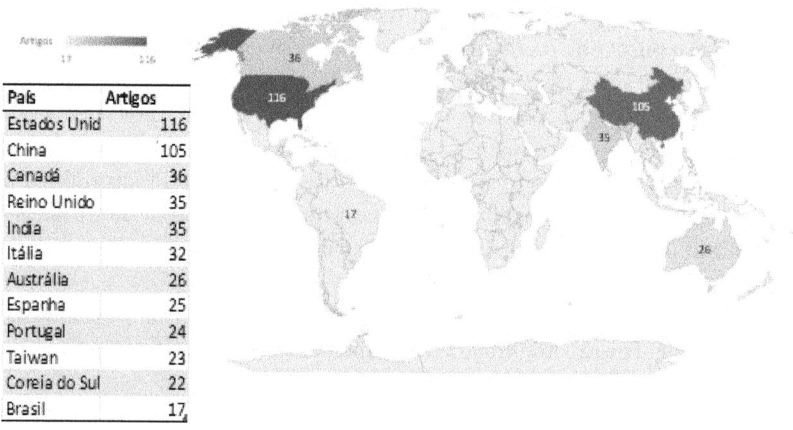

País	Artigos
Estados Unid	116
China	105
Canadá	36
Reino Unido	35
Índia	35
Itália	32
Austrália	26
Espanha	25
Portugal	24
Taiwan	23
Coreia do Sul	22
Brasil	17

Fonte: Scopus, 2023

Percebe-se que dos 12 (doze) países que mais apresentaram trabalhos científicos no mundo na base Scopus, o Brasil encontra-se no 12° lugar com a produção de 17 artigos, o que particularmente denota uma lacuna nos estudos nacionais, visto a importância do tema para a economia e produção brasileiras, o que justifica a investigação exposta neste trabalho.

4 REVISÃO DA LITERATURA

4.1 GESTÃO DA MANUTENÇÃO E AUDITORIA

A palavra Manutenção advém do termo latim, manus tenere, cujo significado é "Manter o que se tem em mãos", conforme explica Ferraz Júnior (2009).

A área de manutenção ganhou status de função estratégica decorrente do seu atual papel nos sistemas produtivos, onde repousa em seu bom desempenho, a disponibilidade dos ativos e suas devidas calibrações (VIANA, 2020). Este fato contribui para garantir a qualidade intrínseca dos produtos, sendo a manutenção uma participante ativa e importante da estratégia das organizações (NASCIF; KARDEC, 2001).

Viana (2020 & 2021) apresenta um sistema de gestão dos processos de manutenção, intitulado pelo autor como "Modelo CIT/CSM", pode-se observar na FIGURA 2 que no macroprocesso proposto pelo autor, o processo de "Controle da Manutenção" prever a atividade de "Auditoria interna dos processos de manutenção", que para o escritor representa:

> A "Auditoria Interna dos Processo de Manutenção" consiste em um exame detalhado das boas práticas exercidas pela equipe de manutenção, identificando os procedimentos adotados, averiguando a confiabilidade deles, verificando assim a aderência das equipes de manutenção juntos aos procedimentos da Função Manutenção, tais como, as atividades dos processos previstas nos seus protocolos padronizados para cada requisito do sistema de gestão da manutenção concebido no macroprocesso (Viana, 2021, p. 80).

Figura 2. Modelo CIT/CSM

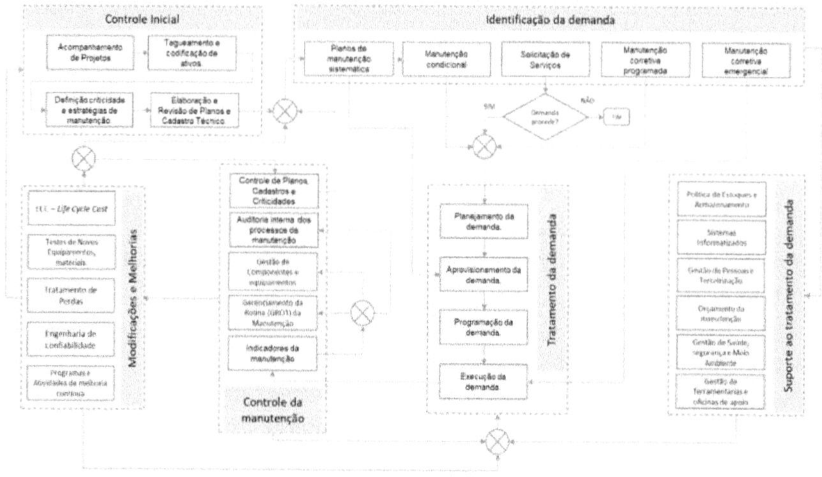

Fonte: Viana (2020 & 2021)

4.2 MATURIDADE NA FUNÇÃO MANUTENÇÃO

As auditorias visam atestar o nível de maturidade das organizações junto aos seus sistemas de gestão, na manutenção diversos são os estudos nesta linha, a ISO 9004 (2010) conceitua a maturidade como sendo sucesso sustentado, que é alcançado quando a organização atende as necessidades e expectativas de todas as partes interessadas (stakeholders), em longo prazo e de forma equilibrada.

Viana (2020) apresenta uma revisão da literatura sobre a abordagem do conceito de maturidade na Função Manutenção, o autor compila na TABELA 1 a visão de cada autor pesquisado quanto aos níveis de maturidade na gestão da manutenção.

Tabela 1. Níveis de Maturidade por autores pesquisados por Viana

Autores	Nível de Maturidade I	Nível de Maturidade II	Nível de Maturidade III	Nível de Maturidade IV	Nível de Maturidade V
Wireman (1992)	Incerteza	Despertar	Esclarecimento	Sabedoria	Certeza
Cholasuke et al. (2004)	Inocência	Entendimento	Excelência	-	-
Jamarillo (2004)	Manutenção Planejada	Manutenção Pró-ativa	Manutenção Organizacional	Gestão de Confiabilidade	Gestão de Ativos
Campbell e Reyes-Picknell (2006)	Inocência	Consciência	Entendimento	Competência	Excelência
Macchi e Fumagalli (2013)	Inicial	Administrado	Definido	Administrado Quantitativamente	Otimizado
Viana	Inocência	Construção	Consciência	Evolução Sustentável	Excelência

Fonte: Viana (2021).

Nota-se que a última linha da TABELA 1 representa a contribuição de VIANA (2021) para a discussão sobre o tema maturidade na gestão da manutenção, indicando haver 5 (cinco) níveis de maturidade, baseados no macroprocesso do modelo CIT/CSM (FIGURA 1).

Os níveis de maturidade na gestão da manutenção no entendimento do autor são os seguintes:

1 - Inocência;
2 - Construção;
3 - Consciência
4 - Evolução Sustentável;
5 - Excelência.

5 MÉTODOS DE PESQUISA

Em relação a natureza da pesquisa, conforme Turrioni e Melo (2012), este trabalho é considerado como uma pesquisa aplicada, pois gera conhecimentos para aplicação prática, direcionando à solução de problemas específicos. Quanto ao objetivo, a pesquisa pode ser classificada como exploratória, descritiva e explicativa. A pesquisa em questão se caracteriza como exploratória, pois ela tem o objetivo de aproximar o problema com a comunidade e sociedade.

No que se refere a abordagem, a pesquisa pode se classificar em qualitativa ou quantitativa. O estudo em pauta se caracteriza como qualitativo, por seu aprofundamento em compreender certa problemática de um determinado grupo social.

Para se desenvolver uma pesquisa, é indispensável selecionar o método de pesquisa a utilizar. essa pesquisa tem natureza aplicada, com objetivo exploratório, utilizando de uma abordagem qualitativa e como metodologia bibliografia e pesquisa de campo, conforme esquemático da FIGURA 3.

Figura 3. Classificação da Pesquisa

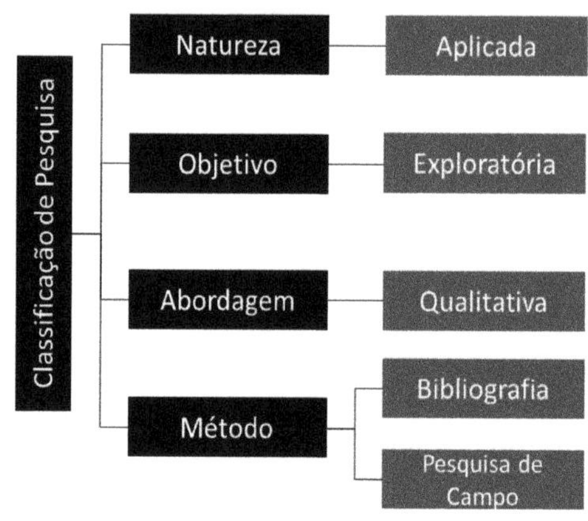

Fonte: Autoria Própria

A FIGURA 4 sintetiza as etapas do modelo elaborado e aplicado para avaliação da maturidade dos processos da Função Manutenção em uma mineradora de bauxita.

Figura 4. Etapas da elaboração e aplicação do modelo de avaliação da maturidade da Manutenção

Fonte: Autoria Própria

6 ELABORAÇÃO E APLICAÇÃO DO MODELO DE AVALIAÇÃO DA MATURIDADE

6.1 ESCOPO DO DIAGNÓSTICO

O escopo do diagnóstico de manutenção compreendeu a auditoria dos 11 processos (FIGURA 5), sendo aplicados em duas grandes áreas da empresa, a manutenção industrial e manutenção de equipamentos móveis da mina.

Figura 5. Os 11 (onze) processos auditados

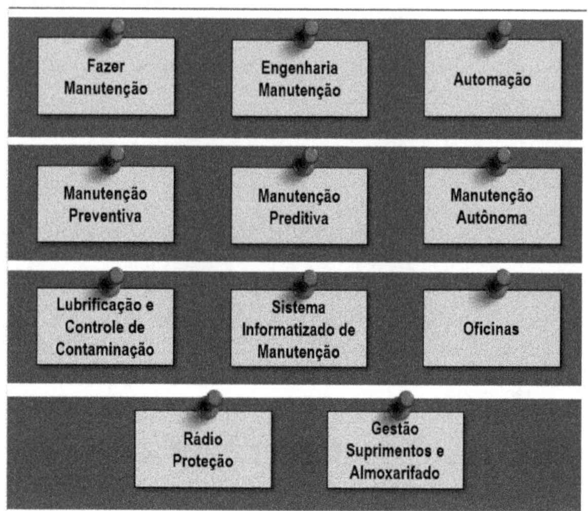

Fonte: Autoria Própria

6.2 ROADMAPS (CHECKLISTS)

Para cada processo da FIGURA 5, foram elaboradas perguntas no checklists de diagnóstico (Roadmap) tendo como premissa os gatilhos dos procedimentos e processos das rotinas a serem diagnosticadas.

Os roadmaps da MPSA reuniram 184 quesitos aplicados à Manutenção de Mina (Equipamentos Móveis), e 183 quesitos aplicados à Manutenção Industrial, com um total de 367 quesitos para avaliar os 11 checklists conforme a figura 1.

A prática de adotar um descritivo objetivo e claro para cada nível de aderência é bastante favorável para um diagnóstico produtivo e educacional, o que eleva as chances de detecção de lacunas, bem como, boas práticas na Função Manutenção, gerando assim ações pertinentes e efetivas em planos de melhoria do Sistema de Gestão, desta forma, os roadmaps possuíram um descritivo claro e objetivo para cada quesito, para seu atendimento nos diferente níveis de aderência, conforme exemplo ilustrado na FIGURA 6.

Figura 6. Roadmap com descritivo de atendimento aos níveis 0, 1, 3 e 5

Descrição	0	1	3	5
A classificação de Notas Técnicas no SAP obedece critérios pré-estabelecidos pela área	Não existe classificação de notas, ou a mesma não condiz com os critérios estabelecidos: Amostra Não Conforme ≥ 50%	Critérios estabelecidos: Amostra Não Conforme < 50%	Critérios estabelecidos: Amostra Não Conforme < 20%	Critérios estabelecidos: Amostra Não Conforme < 5%
A área adota boas práticas de triagem de Notas Técnicas, avaliando-as em tempo adequado, e com o devido tratamento.	Não existe processo de triagem implementado.	As notas são triadas em mais do que 5 dias corridos. E Existe um padrão de triagem implementado, exigindo que o inspetor/**planejador** elimine notas duplicadas e que o problema seja corretamente descrito (mesmo que isso signifique verificação em campo).	Todas as notas são triadas em no máximo 5 dias corridos. Além de atender os requisitos do item anterior, o inspetor/**planejador** define o escopo do serviço (o que precisa ser feito para resolver o problema descrito na nota).	Todas as notas são triadas em no máximo 3 dias corridos. Além de atender os requisitos do item anterior, o inspetor cria uma sub-ordem para cada nota.
A formação da carteira de serviços considera todas as fontes de identificação de demanda previstas na rotina da manutenção.	O planejador **não considera estes itens nas** suas demandas: (1) notas técnicas triadas pelo inspetor (incluindo subordens, caso sejam utilizadas), (2) Ordens geradas automaticamente por planos de manutenção periódica, (3) Ordens não executadas por falta de recursos, (4) Operações criadas por outros planejadores/**outras áreas** solicitando apoios (ex: bloqueio elétrico)	O planejador considera ao menos dois destes itens são suas demandas: (1) notas técnicas triadas pelo inspetor/**planejador** (incluindo subordens, caso sejam utilizadas), (2) Ordens geradas automaticamente por planos de manutenção periódica, (3) Ordens não executadas por falta de recursos, (4) Operações criadas por outros planejadores/**outras áreas** solicitando apoios (ex: bloqueio elétrico)	O planejador considera ao menos três destes itens são suas demandas: (1) notas técnicas triadas pelo inspetor/**planejador** (incluindo subordens, caso sejam utilizadas), (2) Ordens geradas automaticamente por planos de manutenção periódica, (3) Ordens não executadas por falta de recursos, (4) Operações criadas por outros planejadores/**outras áreas** solicitando apoios (ex: bloqueio elétrico)	O planejador considera que todos estes itens são suas demandas: (1) notas técnicas triadas pelo inspetor/**planejador** (incluindo subordens, caso sejam utilizadas), (2) Ordens geradas automaticamente por planos de manutenção periódica, (3) Ordens não executadas por falta de recursos, (4) Operações criadas por outros planejadores/**outras áreas** solicitando apoios (ex: bloqueio elétrico)
Os Critérios adotados para criação de OM's consideram o desdobramento dos horizontes de visão anual do planejamento (Mapa de 52 Semanas)	Cada planejador cria ordens e associa notas técnicas da forma que acha melhor	Existe um critério implementado para definir a criação de ordens e associação de notas técnicas, mas não tem relação com o mapa de 52 semanas.	O planejador cria ordens de manutenção de acordo com um mapa de 52 semanas, e trata estas ordens como "Paradas", podendo utilizar a consolidação em "Revisões" via SAP. Ele encaixa as notas técnicas nestas ordens, conforme chegam.	O planejador cria ordens de manutenção de acordo com um mapa de 52 semanas, e trata estas ordens como "Paradas". Os inspetores enviam as notas técnicas associadas a sub-ordens ou ordens, para que que o planejador as planeje e "encaixe" nas ordens de "Paradas" ou nas "Revisões" que aglutinam os serviços nas paradas.

Fonte: Autoria Própria

6.3 CÁLCULO DAS AMOSTRAS

Uma vez definido as perguntas do Roadmap do diagnóstico e seus respectivos gatilhos, fez-se necessário a definição do tamanho da amostragem de cada gatilho, de maneira que a auditoria pudesse representar estatisticamente a população que se deseja estudar.

O conceito de gatilho do diagnóstico, ou seja, trata-se do direcionamento ao diagnosticador que o levará a menor unidade auditável de um processo (uma OM, uma Nota Técnica, um indicador etc.).

Apresentou-se situações em que a evidência objetiva se deu por meio de amostragem da população, como por exemplo, evidências que envolvem Ordens de Manutenção (OM´s), para tanto foi utilizado o cálculo prevendo a "proporção esperada" conforme equação 1.

$$n = \frac{p.(1-p).Z^2.N}{\varepsilon^2.(N-1)+Z^2.p.(1-p)} \quad (1)$$

Onde:

p: Proporção esperada (p), representa aquilo que se espera encontrar de conformidade, com base nas indicações de literaturas;

ε: Erro de estimativa (ε), representa o nível de erro que pode ocorrer na estimativa;

Z: Valor da distribuição normal para um nível de confiança estipulado (Z), consiste em valor tabelado, conforme a tabela 4;

N: Tamanho da População;

A FIGURA 7 indica o valor da distribuição normal para um nível de confiança (Z), adotado em um nível de confiança de 90%, o que equilibra o número de amostras, com um bom nível de confiança, uma vez, que se esperou populações de elevados valores em se tratando de transações geradas em uma empresa do porte como a MPSA.

Figura 7. Nível de confiança

Nível de Confiança	90%	91%	92%	93%	94%	95%	96%	97%	98%	99%
Z	1,65	1,70	1,75	1,81	1,88	1,96	2,05	2,17	2,33	2,58

Fonte: Autoria Própria

6.4 NÍVEIS DE ATENDIMENTO AOS REQUISITOS DO *ROADMAP*

Os quesitos previstos no *roadmap* apresentam diferentes níveis de atendimento, desta forma, definiu-se níveis e orientativos dos mesmos conforme apresentado na FIGURA 8.

Figura 8. Níveis de Atendimento aos Quesitos do Gabarito (Checklist)

ATENDIMENTO	Nível de Atendimento	Perguntas do Checklist	Pontuação
	Não atende	Não é possível responder a pergunta com evidências tangíveis	0
	Atende parcialmente	É possível responder a pergunta com evidências tangíveis, mas elas são insuficientes (nem toda pessoa cumpre, ou etapas são omitidas por todos) ou conflitantes. (cada pessoa trabalha de uma forma)	1
	Atende	É possível responder a pergunta com evidências tangíveis, sem ressalva.	3
	Referência	As evidências obtidas excedem os requisitos, gerando oportunidades de benchmarking interno.	5

Fonte: Autoria Própria

A pontuação obtida foi convertida em percentual, de acordo com a relação entre pontos obtidos versus pontos totais, observando as lentes por processo e área. Para efeitos de somatório da pontuação o nível "1" correspondeu a "1,5" pontos, ou seja, 30% da pontuação máxima que "5", e o nível "3" correspondeu a "3,5" pontos, equivalente a 70% da pontuação máxima.

6.5 NÍVEIS MATURIDADE

Adotou-se 5 (cinco) níveis para representar a maturidade, conforme Viana (2021), sendo eles: (i) Inocência; (ii) Construção; (iii) Consciência; Evolução Sustentável e (v) Excelência. A nota relativa a cada nível de maturidade foi detalhada conforme apresentado na figura 9.

Figura 9. Níveis de maturidade para Diagnóstico da Função Manutenção

MATURIDADE	Nível de Maturidade	Descrição do Resultado da Avaliação	Nota
↓	Inocência	**Função Manutenção orientada à Corretiva**, revela-se um estágio de imaturidade avançado do sistema de gestão.	0% - 19%
	Construção	**Função Manutenção orientada à Disponibilidade,** mas com lacunas representativas que podem impedir à evolução e obtenção de resultados.	20% - 49%
	Consciência	**Função Manutenção orientada à Disponibilidade,** mas com lacunas gerenciáveis a curto prazo, e demonstrando solidez nos resultados, apesar de claro esforço para mantê-los.	50% - 69%
	Evolução Sustentável	**Função Manutenção orientada à Confiabilidade,** demonstra processos consolidados, indicando resultados sustentáveis à longo prazo.	70% - 94%
	Excelência	**Função Manutenção orientada à Confiabilidade,** demonstra processos consolidados, com resultados sustentáveis a longo prazo, presente o acidente e falha zero, sendo benchmarking mercado.	≥ 95%

Fonte: Autoria Própria

6.6 COORDENAÇÃO DO PROGRAMA DE AUDITORIA INTERNA NA FUNÇÃO MANUTENÇÃO

A responsabilidade de coordenar o programa de auditoria foi da Gerência de Sistema de Gestão, estabelecendo o planejamento e a gestão do programa de diagnóstico, com as seguintes responsabilidades:

a) estabelecer, implementar, monitorar, analisar criticamente e melhorar o programa de diagnóstico;

b) identificar os recursos necessários e assegurar que eles sejam providos.

O padrão de diagnóstico orientou-se na prática de campo com base nas diretrizes da norma ISO 19011, que orienta a avaliação dos sistemas de gestão, para uma abordagem uniforme do processo de auditoria no qual múltiplos sistemas estão implementados e mantidos.

Durante a auditoria, as não conformidades ou não atendimentos aos requisitos mapeadas foram registradas para contribuir na construção do plano de ação final.

6.7 COMPORTAMENTO ESPERADO PARA OS DIAGNOSTICADORES

O diagnosticador ter a competência necessária é um fator importante. Outros princípios se relacionam, que é por definição independente e sistemática. Os seguintes princípios estão relacionados a diagnosticadores, a orientação fornecida na norma NBR ISO 19011:

a) Conduta ética: o fundamento do profissionalismo, confiança, integridade, confidencialidade e discrição são essenciais para auditar.

b) Apresentação justa: a obrigação de reportar com veracidade e exatidão.

c) Devido cuidado profissional: a aplicação de diligência e julgamento na auditoria.

d) Independência: a base para a imparcialidade do diagnóstico e objetividade das conclusões dele.

e) Abordagem baseada em evidência: o método racional para alcançar conclusões de um diagnóstico confiável e reproduzível em um processo sistemático de auditoria.

6.8 APLICAÇÃO DO DIAGNÓSTICO NA MPSA

Após elaboração do programa de auditoria e da elaboração dos 11 *roadmaps*, foi realizado o diagnóstico presencial na Mineração Paragominas, em períodos distribuídos nos meses de agosto, setembro, e outubro de 2022. Foram 39 entrevistas envolvendo diversos profissionais da Manutenção de Mina e Manutenção Industrial, bem como, as áreas de Suprimentos, Almoxarifado, Gestão de Contratos e Operação. Sendo dedicada mais de 100 horas para tais encontros e visitas na área (FIGURA 10).

Figura 10. Ilustração do diagnóstico realizado em 2022

Fonte: Autoria Própria

As evidências identificadas nas entrevistas alimentaram os 11 *roadmaps* das manutenções de mina e indústria, refletindo diferentes níveis de maturidade entre os processos, destacando lacunas entre eles, como também puderam atestar boas práticas. Todos os requisitos avaliados foram comentados e recomendações foram feitas a fim de se elaborar um plano de ação para sustentação e melhoria contínua dos processos avaliados, conforme exemplo ilustrado na FIGURA 11.

Figura 11. Recorte de um quesito comentado no relatório do diagnóstico

Quesito 1.07 - A priorização de execução das OM´s adota métricas pré-estabelecidas pela a área, considerando regras claras de sequência de OM´s a serem realizadas, e o cumprimento pela área de tais métricas é efetivo?

Nível Atingido: 3.0 (Satisfatório).

Comentário: A área está elaborando matriz de priorização de OM´s, levando em conta a criticidade, o nível de urgência do serviço, o perfil de perdas e HSE, o objetivo da área é gerar um script automático para geração da carteira priorizada, conforme Evidência 6. Enquanto isto, A priorização é feita pelo Executante/PCM. Item 10.4.1.3 do MDM, revisar o MDM pois o mesmo não traz as prioridades de 1 a 7.

Fonte: Autoria Própria

Vale ressaltar que não foi o objetivo do trabalho comparar o desempenho da maturidade da manutenção da MPSA com outras empresas, e sim comparar o seu próprio resultado ano após ano, avaliando a elevação do grau de maturidade com o tempo. Os resultados obtidos com a aplicação dos 11 *roadmaps* classificaram os processos são apresentados na FIGURA 12.

Figura 12. Resultado Geral do Diagnóstico da Função Manutenção 2022

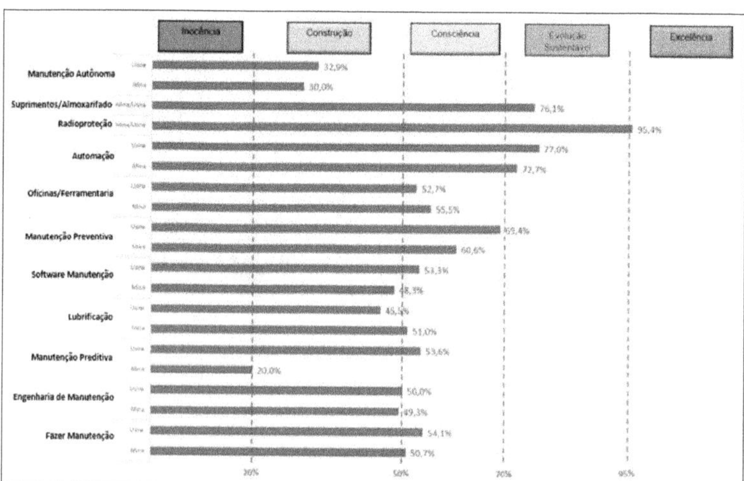

Fonte: Autoria Própria

5 CONSIDERAÇÕES FINAIS

Trazendo como objetivo geral do trabalho a proposta foi de elaborar e aplicar um modelo para avaliação da maturidade nos processos de gestão da Função Manutenção em uma mineradora, o que foi atendido ao observar as seções de 6.1 a 6.8.

A partir dos resultados obtidos no diagnóstico pode-se identificar as oportunidades de melhoria em cada processo na manutenção de mina e de usina, bem como propor recomendações de adequação ao modelo adotado e contido nos quesitos de cada *roadmap*.

As recomendações foram utilizadas na elaboração de um plano com mais de 200 ações, sendo gerado pelos donos de cada processo, visando alcançar maior maturidade no próximo ciclo de diagnóstico. A partir desse plano, espera-se alcançar um aumento na pontuação da MPSA de 56,6% para 65%.

REFERÊNCIAS

ASSOCIAÇÃO BRASILEIRA DE NORMAS TÉCNICAS - ABNT. **NBR ISO 19011**. Diretrizes para auditorias de sistema de gestão da qualidade e/ou ambiental, 2018.

ASSOCIAÇÃO BRASILEIRA DE NORMAS TÉCNICAS - ABNT. **NBR ISO 9004**. Gestão da Qualidade, 2018.

FERRAZ JUNIOR, J. E. **Mapeamento das percepções de desempenho da gestão da manutenção de sistemas de climatização prediais** - O caso do INMETRO. Dissertação apresentada ao programa de mestrado da Universidade Federal Fluminense (UFF), 2009.

KARDEC, A.; NASCIF, J. **Manutenção Função Estratégic**a. Rio de Janeiro: Qualitymark, 2001.

TURRIONI, J. B.; MELLO, C. H. P. **Metodologia de pesquisa em engenharia de produção**: estratégias, métodos e técnicas para condução de pesquisas quantitativas e qualitativas. 2012. Programa de Pós-graduação em Engenharia de Produção, Universidade Federal de Itajubá, Itajubá, 2012.

VIANA, H.R.G. **Manual de Gestão da Manutenção**. Brasília: Engeteles, 2020. v. 1.

VIANA, H.R.G. **Manual de Gestão da Manutenção**. Brasília: Engeteles, 2021. v. 2.

CAPÍTULO 3

APLICAÇÃO DA METODOLOGIA DMAIC NO TRATAMENTO DE PERDAS PARA ELIMINAÇÃO DE FALHAS EM UMA USINA SUCROENERGÉTICA

Renan Di Pace Arruda
Doutorando em Engenharia Mecânica pela Universidade Federal da Paraíba. Mestre e Graduado em Engenharia Mecânica pela Universidade Federal de Campina Grande.
E-mail: renandipace@gmail.com.

Pedro Felipe de Carvalho Araújo
Graduado em Engenharia Mecânica pela Universidade Federal de Campina Grande (UFCG). Possui MBA em Gestão de Projetos pela Fundação Getúlio Vargas (FGV). Pós-graduando em MBA em Gestão do Agronegócio pela Universidade de São Paulo (USP). Pós-graduando em Engenharia de Operações e Gestão de Ativos pela Universidade Federal do Rio Grande do Norte (UFRN). Mais de 10 anos de atuação no setor sucroenergético. Coordenador de Manutenção Agrícola na Usina Coruripe Açúcar e Álcool.
E-mail: felipecarvalhopj@gmail.com.

Igor Bispo da Silva
Graduado em Engenharia Mecânica pela Universidade Federal de Campina Grande (UFCG). Engenheiro Mecânico na Usina Coruripe Açúcar e Álcool.
E-mail: igorbispodasilva@gmail.com.

Fernando Hugo Andrade e Silva
Mestrando em Engenharia Mecânica pela Universidade Federal de Campina Grande - UFCG. Especialista em Gestão de Projetos pela Faculdade Getúlio Vargas - FGV. Graduado em Engenharia Mecânica - UFCG.
E-mail: fernandohas@gmail.com.

1 INTRODUÇÃO

A cana-de-açúcar é considerada como o primeiro produto de cultivo em larga escala na história agrícola do Brasil, e resulta na produção do açúcar e o álcool, além da geração de energia elétrica a partir do bagaço (Santini, 2011).

Figueiredo (2014) e Rodrigues (2020) explicam que a safra das usinas brasileiras tem se tornado cada vez mais longa, e, por sua vez, a entressafra cada vez mais curta. Os equipamentos têm sido cada vez mais exigidos e a indústria da cana-de-açúcar realiza a maior parte de sua manutenção durante o período de entressafra, no intervalo de cada safra, conforme a região.

Para Viana (2020), a manutenção é um dos processos fundamentais para sustentabilidade empresarial, desempenhando um papel estratégico primordial na melhoria dos resultados operacionais e financeiros dos negócios.

Viana (2020) continua a dizer que, mesmo com um processo de manutenção em um patamar ótimo, é possível que aconteçam perdas causadas por falhas dos ativos ao longo do tempo. Portanto, o tratamento adequado dessas perdas é essencial para minimizar os efeitos operacionais e financeiros.

> As falhas causadas pelos ativos físicos de uma empresa é algo indesejável e o uso de metodologias gerenciais é de suma importância para a saúde da planta industrial. A fim de atender um mercado cada vez mais exigente, as empresas buscam desenvolver e aplicar ferramentas da qualidade que visam a melhoria contínua de seus processos (Gimenez, 2021).

Conforme observado por Gimenez (2021), o método denominado DMAIC (Definir, Medir, Analisar, Melhorar e Controlar) é uma ferramenta analítica que propõe soluções para resolver ou minimizar problemas com foco na melhoria dos processos, evitando falhas e desperdícios, realizando coleta de dados e visando a avaliação e melhoria do desempenho industrial.

O equipamento Distribuidor de Bagaço é considerado de alta criticidade para o processo sendo capaz de cessar toda a produção em uma usina. Portanto, o trabalho se dirigiu ao estudo e análise deste gargalo da produção com o seguinte questionamento: A aplicação do método DMAIC é eficaz no tratamento de perdas e eliminação de falhas em uma usina sucroenergética?

Deste modo, o objetivo do trabalho foi aplicar a metodologia DMAIC para a melhoria no processo industrial através do tratamento das perdas, de modo a otimizar a eficiência industrial de uma usina sucroenergética quanto à disponibilidade dos ativos físicos. A pesquisa e análise foi realizada no período de 13/03/2017 a 04/09/2017 na Usina Coruripe de Açúcar e Álcool localizada no município de Coruripe – AL.

2 FUNDAMENTAÇÃO TEÓRICA

2.1 O PROCESSO INDUSTRIAL

Para a obtenção dos produtos oriundos da cana-de-açúcar existe uma série de questões referentes ao preparo do solo, irrigação, fertilização, corte, e transporte para a indústria, onde a matéria prima deverá ser processada. Costuma-se dizer que a usina não faz açúcar, apenas extrai, pois quem faz açúcar é o campo.

Conforme Hugot (1969a) e Rein (2007), depois de colhida no campo, a cana-de-açúcar chega até o parque industrial onde a matéria-prima é depositada em mesas alimentadoras e conduzida às moendas que tem a função de separar o caldo da fibra. O processo se divide em três diferentes estágios: de um lado o bagaço é dirigido a uma esteira que será direcionado e distribuído às caldeiras, onde será queimado e o vapor de água transformado em energia elétrica. A outra parte, o caldo, é enviado para o setor de fabricação e então dividido em produção de açúcar e produção de álcool.

Hugot (1969a) e Rein (2007) também comentam que o bagaço, ao sair da última moenda é depositado em alimentadores da fornalha da caldeira por meio de equipamentos chamados transportadores (distribuidores) de bagaço. Após o bagaço ser inserido na fornalha, a caldeira que será alimentada com água proveniente de um rigoroso tratamento físico-químico, então é aquecida até que se transforme em vapor d'agua, que será levada às turbinas a vapor para transformação em energia mecânica, e que estão acoplados a geradores elétricos para conversão em energia elétrica.

Extraído o caldo da cana, o próximo passo será o tratamento desse caldo, objetivando a retirada de impurezas. O tratamento ocorre em várias etapas, com o uso de produtos químicos, além de processos de mudança e separação de fases (Hugot, 1969a; Rein, 2007).

Na obra de Hugot (1969a) é apresentado o processo da fabricação do açúcar, do tratamento químico do caldo com a adição de cal (calagem) para regular o pH e a adição de coagulantes químicos que objetivam a aglomeração e decantação das impurezas. A decantação produz a torta de filtro, que é encaminhada para o campo, onde servirá de adubo para a cana-de-açúcar.

Hugot (1969b) mostra todo o processo desde o caldo clarificado e decantado e enviado aos processos de evaporação, cozimento, cristalização e centrifugação que servirão para retirar a água presente no caldo, além da separação do mel envolto aos cristais de açúcar.

'Os cristais são então conduzidos para os secadores que reduzem a umidade e assim o açúcar é transportado até os silos que serão armazenados e ensacados para serem comercializados (Hugot, 1969b).

Rein (2007) apresenta o processo para a fabricação do álcool, onde o caldo é fermentado e os açúcares são transformados em álcool. Após este processo, o produto é denominado vinho que é enviado para a centrifugação e então removido o fermento e reprocessado nas dornas.

O álcool é então enviado às colunas e passa pelos processos de destilação, retificação e desidratação onde em cada uma delas o produto é aquecido a partir do vapor advindo das caldeiras Um dos subprodutos do álcool é a vinhaça: uma solução alcoólica encaminhada para o campo, servindo de material irrigador das canas (Rein, 2007).

O processo de retificação tem o objetivo de concentrar o líquido a um grau alcoólico de 96%, aproximadamente. O produto obtido é o chamado álcool hidratado que é armazenado em tanques e assim comercializado. O álcool hidratado pode ainda ser processado e então desidratado, chegando a um grau alcoólico de 99-100%, denominado álcool anidro, que no Brasil é utilizado como aditivo à gasolina.

2.2 TRATAMENTO DE PERDAS

Como descrito por Viana (2020), diferenciando-se de várias áreas do conhecimento

que nasceram na academia e amadureceram na aplicação em sistemas produtivos, a manutenção fez o caminho inverso. Ou seja, nasceu a partir das necessidades das operações na busca por mais confiabilidade para os ativos físicos e desenvolveu-se nesta busca nas fábricas espalhadas pelo mundo, tornando-se foco de estudo e observação acadêmica há algumas décadas.

Viana (2022) alega que a manutenção não pode se limitar em apenas corrigir problemas cotidianos, mas em perseguir sempre a melhoria contínua, tendo como direcionador o aproveitamento máximo dos recursos de produção, aliado a zero defeitos.

Na área da manutenção, Viana (2021) propõe o estudo e Tratamento da Perdas através do uso de duas técnicas: avaliação do Perfil de Perdas e o Gráfico das Falhas Críticas Crônicas, ou diagrama de Jack-Knife.

Para Teles (2019), tratar as perdas geradas a partir das falhas dos equipamentos consiste em analisar a ocorrência de um determinado problema, sua severidade, encontrar a sua causa raiz e propor ações de melhoria que venham a eliminar ou mitigar os efeitos provocados por essas falhas. É comum nas organizações a existência de perdas e falhas dos ativos físicos durante o seu funcionamento, entretanto, precisam ser estudadas a gravidade e a frequência, objetivando reduzi-las ou eliminá-las (Viana, 2021).

Com isso, o Tratamento de Perdas em uma organização aborda quais serão os quesitos ou planos de decisão a serem efetuados mediante a detecção de um problema, sendo então identificados os melhores procedimentos e técnicas para corrigi-lo. Existem variados métodos e ferramentas para análise e solução de problemas que podem ser largamente utilizados para tratar falhas de máquinas e equipamentos. Cada ferramenta funcionará melhor em uma determinada condição (Teles, 2019).

Teles (2019) propõe ainda 04 passos para tratamento das perdas de manutenção e correto gerenciamento das falhas, sendo eles: Passo 1: Definir os gatilhos, Passo 2: Definir o comitê de análise de falha; Passo 3: Fazer análise preliminar; Passo 4: Construção do relatório de análise de falhas e elaboração do plano de ação.

2.3 METODOLOGIA DMAIC

Conforme Viana (2022) as empresas e seus gestores estão em busca de tranquilidade em seu cotidiano. Modelos de melhoria de processos têm sido aplicados nas mais diversas situações ao longo dos anos, otimizando a produtividade, reduzindo o desperdício de tempo, diminuindo os custos de produção, melhoria da qualidade e satisfação dos clientes.

Werkema (2004 *apud* Pinto 2011) diz que o Seis Sigma parece não envolver nada novo: são usadas ferramentas estatísticas conhecidas há anos na busca da eliminação de defeitos em todos os processos da empresa. Embora alguns dos preceitos do método Seis Sigma sejam aparentemente simples de ser postos em prática, a necessidade de atentar aos mínimos detalhes é o que garante o sucesso da sua implantação.

Ramos (2014) e Teixeira (2014) dizem que o Seis Sigma é uma metodologia de melhoria da estratégia do negócio usado visando o aumento da rentabilidade, diminuição das perdas, redução dos custos de qualidade com a crescente efetividade e a eficiência de todas as operações que satisfaçam ou mesmo excedam as expectativas dos clientes.

Surgiu assim, uma série de ferramentas que auxiliam na elaboração de métodos como o PDCA (Plan-Do-Check-Act) e o DMAIC (Define-Measure-Analyze-Improve-Control). O ciclo PDCA é um método gerencial de tomada de decisões para garantir o alcance das metas necessárias à sobrevivência de uma organização (Barbiere, 2010).

> Com relação ao DMAIC, pode-se dizer que é um método sistemático baseado em dados e no uso de ferramentas

> estatísticas que possibilitam a identificação dos pontos críticos do processo, o desenvolvimento de análises e busca das causas das falhas, a criação dos planos de ações para controle, e a melhoria contínua do desempenho geral dos ativos fabris. A metodologia DMAIC não possibilita um retorno no processo em que foi aplicado e sim aplicação do método em projetos ligados ao mesmo (Gimenez, 2021).

O roteiro DMAIC é iniciado pela primeira fase, que descreve a problemática e quais as metas propostas, seguindo pela fase Measure (medir) que quantifica os dados e levanta números para o processamento da próxima etapa. A fase Analyze (analisar) aborda os dados coletados com uma visão mais apurada e identifica quais as causas raízes dos problemas identificados na fase anterior. A fase seguinte, Improve (melhorar), é proposta uma série de melhorias para que sejam eliminadas as falhas e alcançada a meta proposta. Por fim, na fase Control (controlar) é proposto o controle das soluções de forma sistemática para que sejam documentadas as soluções para os determinados problemas surgidos.

O método DMAIC é alimentado pelo uso de ferramentas da qualidade, que auxiliam na construção de gráficos e tabelas para a continuação das fases do programa. Dentre as ferramentas estão a Estratificação, Diagrama de Pareto, Diagrama de Ishikawa, Diagrama de Árvore, Matriz de Priorização, FMEA, Project Charter, entre outros.

Para Werkema (2013) a metodologia DMAIC tem uma série de pontos fortes em relação a outros programas de melhoria da produtividade de empresas e setores, são eles:

• Ênfase dada ao planejamento (D, M, A e maior parte da etapa I), antes que ações sejam executadas;

• Existência de um roteiro detalhado para a realização das atividades do método, o que gera análises com profundidade adequada, conclusões sólidas e manutenção dos resultados ao longo do tempo;

• Integração das ferramentas da qualidade ao roteiro DMAIC.

3 METODOLOGIA

Este estudo é considerado como aplicado, com a principal abordagem sendo quantitativa, o objetivo explicativo e a metodologia experimental um estudo de caso.

Para a aquisição dos resultados foi utilizado o sistema integrado de gestão da empresa, onde foi obtido o Relatório de Paradas que apresenta as paradas da planta industrial por falha de equipamento e manutenção. Este relatório é alimentado diariamente com dados sobre a falha, o setor onde a falha ocorreu, e o tempo gasto com a manutenção.

Inicialmente foi gerada uma planilha geral com as paradas da usina no período da safra 2016/2017 que se iniciou no dia 03/09/2016 e finalizou em 06/04/2017. Após coletados e levantados os dados da pesquisa, foi feita uma análise quantitativa e qualitativa, criado planos de ações para manutenção e modificação de projeto. Para a conclusão posterior da pesquisa, foi levantado o mesmo relatório de safras posteriores a fim de mensurar a redução percentual das paradas de produção com relação ao equipamento analisado.

A metodologia utilizada neste trabalho pode ser replicada em outros equipamentos e em outras empresas de diversos ramos de atuação, pois a análise do Tratamento de Perdas e o roteiro das fases da metodologia DMAIC e a aplicação adequadas das ferramentas de qualidade são passíveis de repetição.

Como a abordagem DMAIC utiliza-se de etapas, foram aplicadas técnicas de levantamento de dados e priorização de atividades para que se alcance o resultado. Na etapa D (*Define*) foi elaborado o Project Charter para determinar os responsáveis do projeto e qual será o objetivo e o prazo de execução com os planos de ação.

Para a etapa M (*Measure*), foram medidos e coletados os dados de paradas das moendas, com base no Relatório de Paradas. Foram usadas ferramentas como a estratificação dos dados e o gráfico de Pareto para definir o principal vetor das paradas gerais da planta. Na etapa A (*Analyze*), foi feita uma abordagem qualitativa, com o uso das ferramentas brainstorm e do diagrama Jack-Knife para classificar as falhas entre leve, aguda, crônica e crítica, e uma análise quantitativa com o uso das técnicas do gráfico de Pareto e FMEA.

Na etapa I (*Improve*) foram observados os comentários e dados da fase anterior e proposta medidas de melhoria para o equipamento avaliado e a equipe responsável pelo manuseio e manutenção. Nesta fase foram usadas ferramentas como a técnica dos porquês e causa raiz, metodologia 5W2H para projeção dos planos de ação e do escopo de serviço para manutenção e modificação do projeto do equipamento.

Por fim, na etapa C (*Control*) foram elaborados os planos de ações, além dos documentos de operação e manutenção do equipamento Distribuidor de Bagaço 2, com a forma adequada da operação das comportas, níveis de bagaço e velocidade do acionamento mecânico. Também foi criado um plano de manutenção dos componentes mecânicos (redutor, corrente, engrenagens), fabricação de novas peças e reforma e modificações do layout do equipamento.

4 RESULTADOS E DISCUSSÃO

Após a verificação do sistema de dados da usina, designou-se que em 14,5 dias a indústria parou, para manutenção corretiva. Então, foi aprofundado o estudo e detectou-se que o principal fator das paradas da usina e perda do aproveitamento do tempo de moagem foi de responsabilidade do Distribuidor 2, com o somatório de 3,3 dias, dos 215 dias de moagem na safra 2016/2017.

Portanto, a sequência de atividades para a aplicação da metodologia DMAIC se deu com o uso das ferramentas de gestão para a eliminação das paradas do equipamento Distribuidor 2 que leva o bagaço proveniente das moendas às caldeiras.

Na etapa D (*Define*) o uso do Project Charter definiu qual o período de aplicação da metodologia, os responsáveis do projeto, a motivação e qual o objetivo do estudo. A figura 1 mostra o uso da técnica 5W1H para formalizar esta primeira etapa.

Figura 1. Etapa Define: Project Charter

What?	O quê?	Eliminar paradas do equipamento
Where?	Onde?	Distribuidor 2
Why?	Por quê?	Aumentar a produção da Usina
Who?	Quem?	Manutenção Mecânica e Geração de vapor
When?	Quando?	29/05/2017 a 15/09/2017
How	Como?	Reduzir as paradas de 78,3h para 0h

D	M	A	I	C
29/05	05/06	19/06	10/07	17/07

Fonte: Autoria própria

Na etapa M (*Measure*) os dados do relatório de paradas da usina foram organizados e mensurados quais as principais paradas da moagem na safra 2016/2017. Para isto o uso da ferramenta de estratificação dos dados e organizados em forma do gráfico de Pareto, conforme gráfico 1 mostra que no tempo total de moagem, o equipamento Distribuidor 2 foi o responsável por 78,3h que corresponde a mais de 40% de todas as manutenções corretivas da usina.

A etapa A (*Analyze*) é, portanto, uma continuação da anterior no sentido de analisar, estudar, pensar nos dados que foram coletados e separados. Para esta etapa foram feitas reuniões brainstorm com a equipe e analisado que as falhas recorrentes no Distribuidor 2 seriam: O desengrenamento da corrente da roda dentada; O avanço de um elo de corrente em um dos lados da esteira; A quebra de arrastador de bagaço.

Gráfico 1. Etapa Measure: Gráfico de Pareto

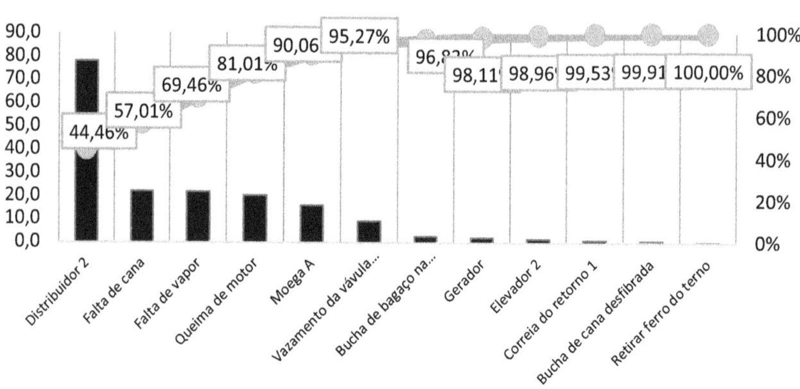

Fonte: Autoria própria

Para cada falha encontrada foi feita uma análise pelo diagrama de Ishikawa, abordando a metodologia 6M (Método, Máquina, Medida, Material, Mão de obra e Meio Ambiente) e elaborada a matriz FMEA (*Failure Modes and Effects Analysis*), como pode ser vista no quadro 1.

Quadro 1. Etapa Analyze: FMEA

Equipamento	Função	Possíveis Falhas			Índices			RPN	Avaliação	Ações Preventivas
		Modo(s)	Efeito(s)	Causa(s)	Sev.	Oco.	Det.			
Distribuidor 2	Distribuir o bagaço das moendas para as caldeiras	Excesso de bagaço sobre a corrente e desgaste excessivo da roda dentada	Corrente desengrenou da roda dentada	Parada da distribuição de bagaço às Caldeiras	8	6	6	288	Muito alto	
		Excesso de bagaço sobre a esteira e sobre a corrente	Corrente adiantou o elo	Parada da distribuição de bagaço às Caldeiras	8	3	8	192	Alto	
		Aproveitamento de arrastador usado e presença de corpos estranhos	Arrastador de bagaço quebrou	Mau funcionamento da distribuição de bagaço às Caldeiras	6	4	4	96	Médio	

Fonte: Autoria própria

A ferramenta FMEA é capaz de analisar os modos de falhas (correspondente a cada falha determinada nas reuniões com a equipe envolvida no projeto), seus efeitos e as principais causas, e com isso calcular o

RPN (*Risk Priority Number*) que é a multiplicação da severidade, ocorrência e detecção de cada modo, efeito e causa avaliado.

Foi elaborado um diagrama Jack-Knife, onde é visto na tabela 1 os dados obtidos para os três modos de falhas do ativo analisado. Pode-se observar também que na figura 2, o diagrama mostra o modo "Corrente desengrenou da roda dentada" como uma falha crítica e os modos "Corrente adiantou o elo da roda dentada" e "Arrastador de bagaço quebrou" como falhas consideradas leves.

Conforme Viana (2022), os limites dos eixos do diagrama Jack-Knife baseiam-se no cálculo do número de falhas por modo de falhas (equação 1) no eixo "x" e do Mean Time To Repair (MTTR) no eixo "y" (equação 2).

Tabela 1. Etapa Analyze: diagrama Jack-Knife

Modos de falhas	Qnt. de falhas	Hr. man. corretiva	MTTR (h)
Corrente desengrenou da roda dentada	4	70,9	17,7
Corrente adiantou o elo na roda dentada	1	6,5	6,5
Arrastador de bagaço quebrou	2	0,9	0,5

Fonte: Autoria própria

$$Limite\ número\ de\ falhas = \frac{Número\ de\ falhas\ corretivas}{Quantidade\ de\ modos\ de\ falhas} \quad (1)$$

$$Limite\ MTTR = \frac{Quantidade\ de\ horas\ de\ manutenção\ corretiva}{Número\ de\ falhas\ corretivas} \quad (2)$$

Figura 2. Etapa Analyze: diagrama Jack-Knife

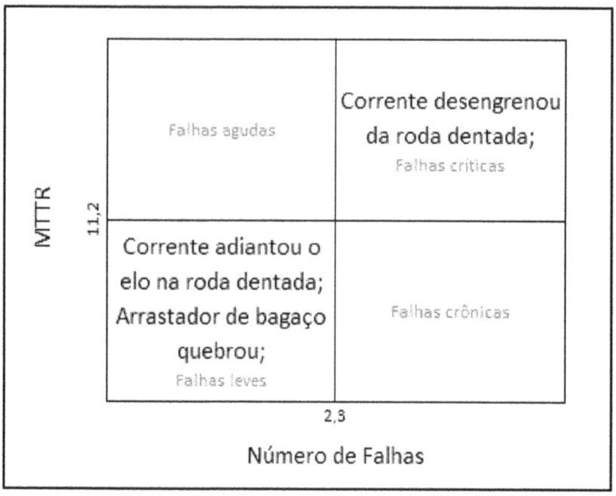

Falhas agudas

Corrente desengrenou da roda dentada;
Falhas críticas

MTTR
11,2

Corrente adiantou o elo na roda dentada; Arrastador de bagaço quebrou;
Falhas leves

Falhas crônicas

2,3
Número de Falhas

Fonte: Autoria própria

A etapa I (*Improve*) propõe uma série de melhorias no processo avaliado e identificado a causa raiz de cada falha, foram utilizadas as técnicas dos porquês para solucionar a causa raiz dos problemas e otimizar o processo.

Mais uma vez foi realizada uma reunião com os responsáveis e perguntado os por quês para cada efeito de falha e os resultados foram estes:

1. Por que a corrente desengrenou da roda dentada? Porque tinha bagaço sobre a corrente.
2. Por que tinha bagaço sobre a corrente? Porque o despejo é sobre a corrente.
3. Por que o despejo é sobre a corrente? Porque não tem proteção sobre a corrente.
4. Por que não tem proteção sobre a corrente? Porque existe um erro de projeto no equipamento.

Possível solução: Colocar uma proteção (desvio) na caída de bagaço sobre a corrente.

1. Por que a corrente adiantou o elo? Porque aderiu bagaço entre o dente e a corrente.
2. Por que aderiu bagaço entre o dente e a corrente? Porque a corrente estava desalinhada.
3. Por que a corrente estava desalinhada? Porque a roda dentada estava desgastada.

4. Por que a roda dentada estava desgastada? Porque não foi feita manutenção no componente.

Possível solução: Realizar manutenção nos dentes da roda dentada e alinhar eixo e corrente.

1. Por que o arrastador de bagaço quebrou? Porque o arrastador está desgastado.
2. Por que o arrastador está desgastado? Porque o arrastador é reaproveitado.
3. Por que o arrastador é reaproveitado? Porque não é feita a medição da espessura do tubo.
4. Por que não é feita a medição da espessura do tubo? Porque não existe equipamento de medição de espessura.

Possível solução: Adquirir equipamento de medição de espessura de perfis metálicos.

A etapa C (*Control*) é responsável pelo controle das medidas obtidas nas etapas anteriores e garante que os defeitos existentes nos equipamentos e processos sejam monitorados. Para esta fase foram acompanhados os serviços propostos pela equipe do projeto DMAIC e nas safras seguintes repetido o mesmo procedimento de análise do relatório de paradas da usina. Para cada possível solução encontrada na etapa I, foi realizado um 5W2H e acompanhado a execução. Na tabela 2 é possível visualizar o controle de cada falha encontrada.

Tabela 2. Etapa Control: 5W2H

What?	Who?	Where?	Why?	When?	How?	How much?
Proteção sobre a corrente	Caldeireiro Soldador	Distribuidor 2	Porque está caindo bagaço sobre a corrente e desengrenando a corrente	06/2017 a 07/2017	Soldando uma chapa inclinada no local de caída do bagaço	
Manutenção da roda dentada	Soldador	Distribuidor 2	Porque existe o desgaste excessivo durante a safra	05/2017 a 07/2017	Refazer o perfil do dente e aplicar solda dura	
Medição de espessura	Caldeireiro	Distribuidor 2	Porque é preciso definir a espessura do tubo do arrastador	08/2017	Realizar o ensaio não destrutivo em cada arrastador e limitar a 20% da espessura original	

Fonte: Autoria própria

Para cada manutenção, modificação e montagem do Distribuidor de Bagaço 2 foram registrados os procedimentos e execução. A instalação da proteção sobre a corrente foi colocada na região onde o bagaço oriundo da moenda é depositado, a roda dentada foi reformada e refeito o perfil dos dentes, além da aplicação da solda dura para retardar o desgaste, e o equipamento para medição de espessura de perfis metálicos foi adquirido e determinado que as medições serão feitas a cada entressafra. Para cada possível solução, é possível ver na figura 2, a sua aplicação.

Na etapa posterior à implantação da metodologia DMAIC, foram realizadas novas análises nos relatórios de parada da usina com a intenção de comprovar a eficácia das ferramentas analíticas em cada etapa estudada. Pode-se ver no gráfico 2 a redução das quebras do equipamento Distribuidor 2 em 100% para a safra 2017/2018 e no mínimo 86,7% para as três safras subsequentes.

A finalização do projeto DMAIC é função dos planos de ações mantenedores para os componentes do Distribuidor 2, visto que para prolongar e extinguir as falhas é preciso um planejamento e controle das avarias e correções do equipamento.

Figura 2. Etapa Control: Soluções propostas

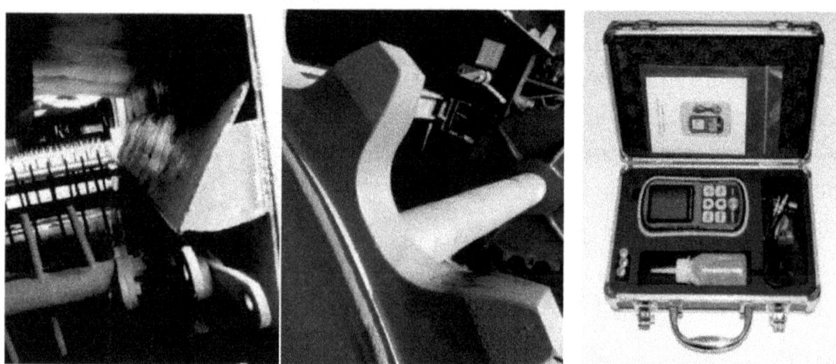

Fonte: Autoria própria

O uso planejado e correto dos planos de ação para o Distribuidor 2 fará com que as ações corretivas não ocorram durante o funcionamento do equipamento. Em paradas planejadas é possível efetuar manutenções corretivas planejadas, manutenções preventivas e manutenções preditivas que farão adiar uma falha nas correntes ou arrastadores, por exemplo.

Gráfico 2. Etapa Control: Distribuição de quebras por safra

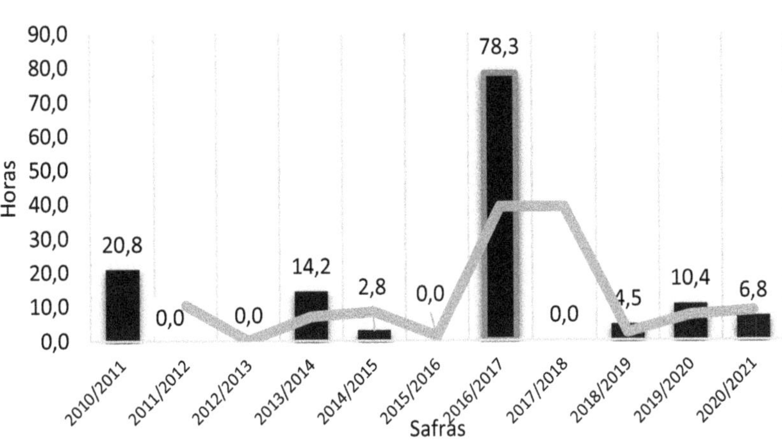

Fonte: Autoria própria

5 CONSIDERAÇÕES FINAIS

A aplicação da metodologia DMAIC com o propósito de obter uma melhoria definitiva na linha crítica de produção e conseguir o alcance da meta proposta para o equipamento foi de suma importância para a Usina Coruripe. Com a execução centrada no levantamento de dados e o tratamento de perdas foi obtida a redução das paradas do ativo físico Distribuidor de Bagaço em 100% na safra subsequente ao estudo no mínimo 86,7% em safras seguintes. Pode-se comprovar que o uso da metodologia proposta é eficaz na eliminação de falhas e consequente otimização da disponibilidade das máquinas e aumento da produção de açúcar, álcool e energia.

6 AGRADECIMENTOS

Agradeço à Usina Coruripe de Açúcar e Álcool – Matriz, em especial do Dr. Arthur Moraes pela liderança no projeto DMAIC e orientação durante o trabalho realizado e todas as pessoas que diretamente foram responsáveis pela coleta e análise dos dados.

REFERÊNCIAS

BARBIERI, Guilherme. **Aplicação das ferramentas de controle de qualidade do ciclo DMAIC para redução de refugos em uma fábrica de vassouras**. 2010. Trabalho de conclusão de curso (Graduação em Engenharia Mecânica), Universidade Federal do Rio Grande do Sul, Porto Alegre - RS, 2010.

FIGUEIREDO, Francisco Constant de. **Manutenção de Entressafra** - Planejamento e Controle. Rio de Janeiro: Ciência Moderna, 2014.

GIMENEZ, A. Z.; MACRI, R. C. V.; Projeto de aplicação da metodologia DMAIC visando a maximização da produção de açúcar. **Ciência & Tecnologia FATEC-JB**, Jaboticabal, SP, v. 13, n. 1, p. 213-225, 2021.

HUGOT, Emile. **Manual da Engenharia Açucareira**. São Paulo: Mestre Jou, 1969a. v. 1.

HUGOT, Emile. **Manual da Engenharia Açucareira**. São Paulo: Mestre Jou, 1969b. v. 2.

PINTO, André Pische. **A aplicação do Lean Seis Sigma na prestação de serviços no setor agrícola**. 2011. Trabalho de conclusão de curso (Bacharel em Ciências Econômicas), Universidade Estadual Júlio de Mesquita Filho, Araraquara - SP, 2011.

RAMOS, Fabrícia V. Gestão de projetos através do DMAIC. Instituto Federal de Minas Gerais, **XXXIII Encontro Nacional de Engenharia de Produção**, Curitiba - PR, 2014.

REIN, Peter W. **Cane Sugar Engineering**. Berlin - ALE, Bartens, 2007.

RODRIGUES, Gelze Serrat de Souza Campos; ROSS, Jurandyr Luciano Sanches. **A trajetória da cana-de-açúcar no Brasil**: perspectivas geográfica, histórica e ambiental. Uberlândia - MG, EDUFU, 2020.

SANTINI, G. A.; PINTO, L. B.; QUEIROZ, T. R. Cana-de-açúcar como base da matriz energética nacional. **Revista de Política Agrícola**, Tupã, SP, Ano XX, n 1, Jan./Fev./Mar, p. 89-99, 2011

TELES, Jhonata. **Bíblia do RCM**: O Guia Completo e Definitivo da Manutenção Centrada na Confiabilidade na Indústria 4.0. 1. ed. Brasília, Engeteles, 2019.

TEIXEIRA, Pedro Filipe Caetano. **Análise e otimização dos fluxos e processos do setor de desempeno numa empresa de produção de**

perfis de aço. 2014. Dissertação de Mestrado em Engenharia e Gestão Industrial, Universidade de Coimbra, 2014.

VIANA, Herbert. **Manual da Gestão da Manutenção**. 1. ed. Brasília: Engeteles, 2020. v. 1.

VIANA, Herbert. **Manual da Gestão da Manutenção**. 1. ed. Brasília: Engeteles, 2021. v. 2.

VIANA, Herbert. **PCM, Planejamento e Controle da Manutenção**. 2. Ed. Rio de Janeiro: Qualitymark, 2022.

WERKEMA, Cristina. **Métodos PDCA e DMAIC e suas ferramentas analíticas**. Rio de Janeiro: Elsevier, 2013.

CAPÍTULO 4

ANÁLISE PROGNÓSTICA EM MOTOR SÍNCRONO DE MOINHO BOLAS

Gilmar Pereira Rios
Especialista em Data Science e Analytics pela USP/Esalq. Especialista em Engenharia de IoT-Internet das Coisas pela Unyleya. Especialista em Gestão Estratégica de Negócios pela Universidade Pitágoras Paragominas/PA. Graduado em Engenharia Elétrica na Faculdade Pio Décimo Aracaju/SE.
E-mail: inserir e-mail.

Israel Oliveira Rocha
Mestrado em Engenharia Química e Especialista em Engenharia da Qualidade pela Universidade Federal do Pará (UFPA). Especialista em Data Science e Analytics pela USP/Esalq. Graduado em Engenharia de Produção pela Universidade do Estado do Pará (UEPA).
E-mail: israel.rocha@hydro.com.

1 INTRODUÇÃO

Segundo o planejamento estratégico da Associação Brasileira de Alumínio (ABAL), fundada pela Companhia Brasileira de alumínio (CBA), Alcan Alumínio do Brasil LTDa e Alcoa Alumínium, aponta que até 2030 as empresas da cadeia de alumínio precisam se reinventar no ecossistema da tecnologia e ser sustentável. Não é fácil imaginar uma sociedade moderna sem o alumínio, nas latas de bebidas, nos smartphones, nos automóveis, nas construções, na energia que chega nas nossas casas, da mineração até a reciclagem, assim alumínio impulsiona o crescimento da economia, sendo um metal estratégico para o Brasil, de 2019 para 2020, a demanda de bauxita teve um crescimento de 10,8% para o processamento de produtos finais para consumo doméstico, as mineradoras de bauxita do estado Para é responsável na produção de 82,8% da produção total do Brasil e teve um crescimento de 5,9% no mesmo período, evidenciando que a demanda está crescendo mais que a produção, necessitando um plano estratégico para sustentar a cadeia do alumínio.

Na linha de produção de uma planta de beneficiamento de bauxita, matéria prima do alumínio, possui diversos equipamentos integrados diretamente nos processos de britagem, moagem, classificação e transporte de polpa da bauxita. Para manter continuidade nestes processos, alguns equipamentos são projetados de forma que possuam equipamentos reserva, como: Britadores, bombas de polpa, peneiras, ciclones, no caso dos moinhos, por ser considerado equipamentos críticos e complexos, o tratamento na estratégia de manutenção é diferenciado.

Segundo os autores (Kardec; Nascif, 2012), a competitividade de uma empresa através do ponto de vista do estado da arte, a gestão da manutenção, busca as melhores práticas que se têm mostrado ganhos nos últimos anos em resultados selecionados por um processo sistemático e julgados exemplares. Observa ainda que as ferramentas a serem aplicadas dependam do estágio em que a manutenção se encontra atualmente e recomendam a adoção de técnicas tradicionais para resolução eficaz de problemas, as quais incluem a Manutenção Centrada na Confiabilidade (RCM) e a Análise do Modo e Efeito de Falha (FMEA).

A RCM, é uma metodologia que estuda um sistema para que ele cumpra as funções desejada e direciona insights para as melhores decisões, suportando ações gerenciais, a melhor estratégia de manutenção com vistas a evitar a falha ou reduzir as perdas decorrentes das falhas, a RCM analisando dados históricos com o registro destas falhas em um sistema de manutenção, gerando os indicadores relacionando a confiabilidade do ativo (Kardec; Nascif, 2012). A FMEA, por sua vez, permite identificar e priorizar nos ativos físico, falhas potenciais, e avaliar os sistemas e processos, tendo como objetivo antecipar falhas com base nos modos conhecidos e recomendar ações corretivas para bloquear ou compensar os efeitos destas falhas (Lafraia, 2001), a análise de falha com o intuito de prever efeitos indesejáveis a FMEA consiste em métodos para análise de falhas em processos e equipamentos, possibilitando que os especialistas e gestores tenham argumentos para tomada de decisão de forma antecipada, de forma que proponha ações que bloqueie as paradas da linha de produção, segundo (Viana, 2020), estas técnicas devem ser aplicada na manutenção dos ativos com estratégia na gestão da manutenção. Quando se utiliza tais ferramentas em conjunto, permite entender o processo em relação aos seus mecanismos e identifique causas de falha e seus efeitos, bem como na estratégia estabelecer um plano estruturado de melhorias, com expectativa de aumento da confiabilidade do processo e garantir uma continuidade na cadeia de produção do alumínio.

Assim o objetivo geral deste trabalho é identificar padrões de funcionamento, criar um processo de mineração e tratamento de dados, descoberta de conexões ocultas e prever tendências que identifique falhas potenciais evitando a falha funcional, tendo como base as três disciplinas cientifica aplicadas em conjunto, sendo: a estatística, com o estudo numérico das relação dos dados, a inteligência artificial que é a inteligência explicita pelo software e máquina, onde aproximando a semelhança humana e o Machine Learning composto por algoritmos que podem aprender com dados para realizar previsões e ter como produto final o prognóstico de possíveis falhas que norteie a melhor tomada de decisão..

2 MATERIAL E MÉTODOS

Este passo do trabalho é destinado em analisar os fenômenos que norteia a operação, a função e padrões de desempenho em um motor elétrico de grande porte (13.8kV / 9200HP), responsável em acionar um moinho de bolas na planta de beneficiamento de minério em uma mineradora no estado do Para.

A metodologia para este estudo foi a princípio quantitativa.

O motor elétrico do estudo possui algumas grandezas elétrica e monitoramento de condições mecânica em tempo real historiada no banco de dados temporal, com frequência mínima de amostragem a cada 1 segundo. As variáveis de vibração foram escolhidas para analisar os fenômenos e identificação de falhas potenciais, este sistema de vibração possui um processamento dedicado em tempo real (milissegundos) responsável em coletar sinais de vibração em três pontos da máquina, estes três sinais são aplicado Transformada Rápida de Fourier (FFT) filtros de frequência e segregado em seis variáveis para cada ponto monitorado, estas variáveis são indicadores das possíveis falhas que poderão ser identificadas antes de uma paralisação da máquina, existem normas que regulariza estes padrões com níveis de alarmes de alerta e perigo para cada tipo de aplicação. Apresenta-se na figura 1 o moinho bolas da mineração, o motor de acionamento e seus sensores de vibração, nestes sensores serão aplicados os conhecimentos de Data Science.

Figura 1. Conjunto de motor e moinho bolas

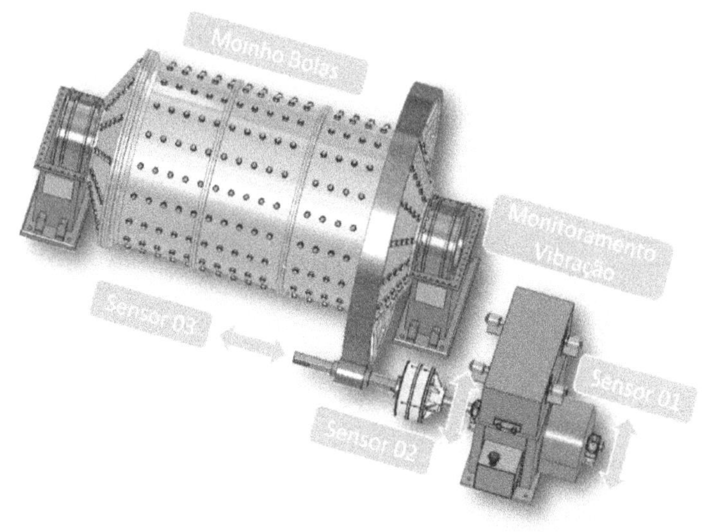

Fonte: Resultado original da pesquisa

Os dados de vibração e seus componentes historiados, serão extraídos com ajuda do Excel, utilizando um suplemento do próprio historiador conhecido como PI DataLink, detalha-se na figura 2, as ferramentas disponíveis para extração dos dados, como: Current Value, Archive Value, Compressed Data, Sampled Data, Timed Data, Calcutated Data e Time Filtered.

Figura 2. Barra de ferramentas suplemento Excel PI DataLink

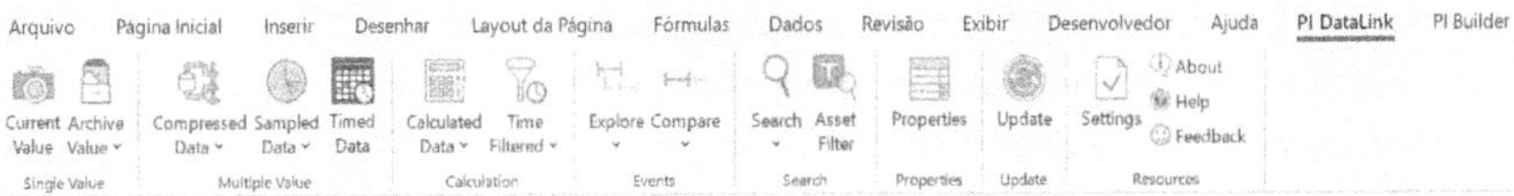

Fonte: PI DataLink

A ferramenta escolhida do PI DataLink será o "Calculated Data" que usa o método de interpolação das amostras dentro do período escolhido, nesta coleta a princípio são extraídos valores de 22 variáveis históricas que foram populadas a cada 1 segundo, foram levantado 4 meses de coleta, com amostragem a cada hora.

Destaca-se na figura 3 como é configurado a coleta das variáveis no banco de dados historiador Pi System, no suplemento PI DataLink do Excel, onde o "Root path" foi configurado o caminho do servidor do banco de dados, "Data itens" foi configurado o caminho das 22 variáveis que serão extraídas no banco de dados do historiador e "Start time / End time" é o intervalo da extração escolhido.

Figura 3. Configuração da extração no banco de dados

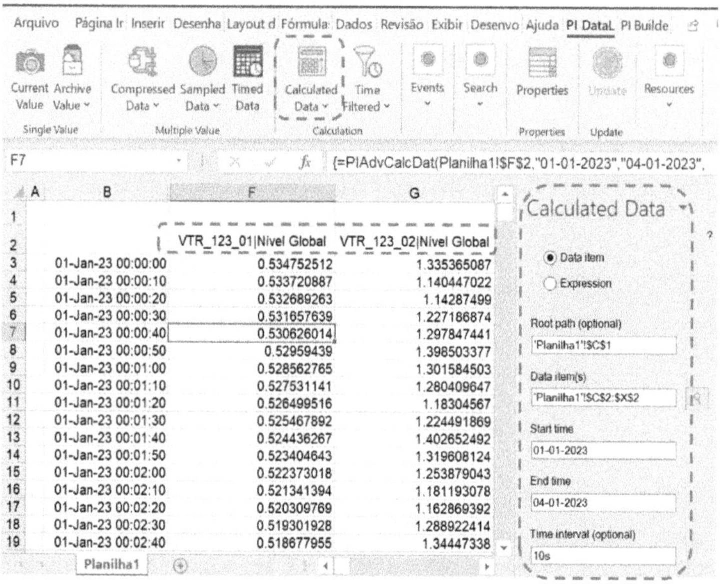

	B	F	G
2		VTR_123_01|Nivel Global	VTR_123_02|Nivel Global
3	01-Jan-23 00:00:00	0.534752512	1.335365087
4	01-Jan-23 00:00:10	0.533720887	1.140447022
5	01-Jan-23 00:00:20	0.532689263	1.14287499
6	01-Jan-23 00:00:30	0.531657639	1.227186874
7	01-Jan-23 00:00:40	0.530626014	1.297847441
8	01-Jan-23 00:00:50	0.52959439	1.398503377
9	01-Jan-23 00:01:00	0.528562765	1.301584503
10	01-Jan-23 00:01:10	0.527531141	1.280409647
11	01-Jan-23 00:01:20	0.526499516	1.18304567
12	01-Jan-23 00:01:30	0.525467892	1.224491869
13	01-Jan-23 00:01:40	0.524436267	1.402652492
14	01-Jan-23 00:01:50	0.523404643	1.319608124
15	01-Jan-23 00:02:00	0.522373018	1.253879043
16	01-Jan-23 00:02:10	0.521341394	1.181193078
17	01-Jan-23 00:02:20	0.520309769	1.162869392
18	01-Jan-23 00:02:30	0.519301928	1.288922414
19	01-Jan-23 00:02:40	0.518677955	1.34447338

Fonte: PI DataLink

Depois da extração dos dados, foi preciso fazer o tratamento no R (Software para modelagem estatística) e eliminar dados desnecessário da amostra, somente os dados com a máquina em funcionamento é necessário para execução da análise quantitativa, com os dados coletado e tratado, o teste de correlação é necessário para verificar a interação entre as variáveis de cada ponto monitorado pelo sensor 01, sensor 02, sensor 03 e grandezas elétricas.

A figura 4, agrupam-se os dados coletados do sensor 03 e grandezas elétrica do motor, foi feito a visualização das distribuições das variáveis utilizando a função "chart.Correlation" do pacote "PerformanceAnalytics" no Rstudio, assim evidenciou-se o comportamento padrão das variáveis coletado no período de funcionamento normal desta máquina, nota-se que todas variáveis possuem correlação positiva entre elas e alta significância, evidenciada pelos três asteriscos (***), mas salienta-se que a variável de vibração de nível global é uma variável explicativa para determinar o início de uma falha potencial, as demais variáveis serão respostas para indicar qual falha estará em evolução, falha relacionado a deslocamento, desalinhamento, folgas excessivas, impactos, má lubrificação e falhas de origem elétrica.

Figura 4. Distribuição das variáveis coletada do sistema do sensor 03 de vibração

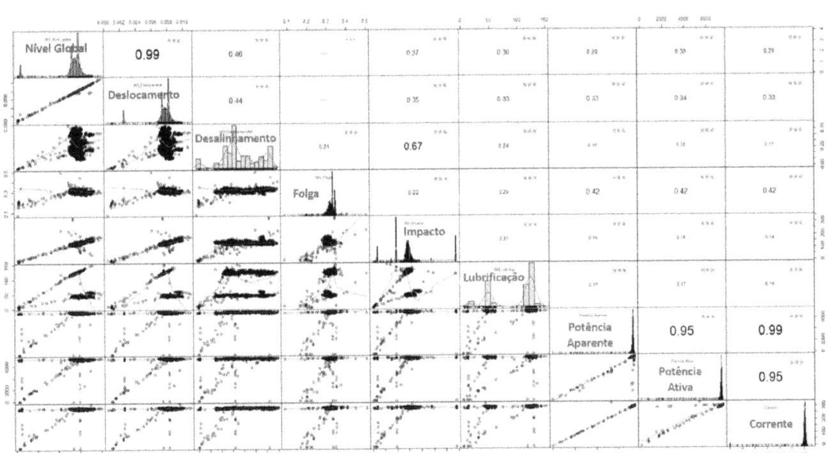

Fonte: Resultado software R original da pesquisa

3 RESULTADOS E DISCUSSÃO

Observa-se que a variável de vibração de nível global varia ao longo do tempo, juntamente com as demais variáveis deste dataset, salienta-se que o melhor método para diagnosticar uma falha potencial em máquinas rotativa, que podem ser percebida na elevação da vibração de nível global ao longo do tempo, importante lembrar que observações de dados ao longo do tempo, onde é preciso descobrir padrões e prever o futuro, a regressão linear não funcionou bem no aprofundamento do pré processamento, foi necessário utilizar as análise e previsões de séries temporais, usando os três princípios de dados: autocorrelação, diferenciação e média móvel, com o intuito de decompor sazonalidades, tendencias e ciclos aleatórios.

Nota-se que o valor de vibração de nível global é determinado pela soma de todas as variações de vibração dos modos de falha da máquina rotativa monitorada por sensores de vibração, que são consideradas aleatórias e independentes umas das outras. Isso significa que a direção futura e a magnitude do nível global de vibração do equipamento não podem ser previstas com precisão, padrões ou tendências observadas no passado são considerados devidos análises de causa e efeito das falhas e não a quaisquer fatores fundamentais.

O modelo autorregressivo (AR) e o modelo de média móvel (MA) podem ajudar na identificação de tendencia e padrões dos dados que assumem valores futuro em que são determinados por valores passado da série temporal.

Observa-se na interpretação das observações registradas ao longo do tempo pela variável de nível global, as demais variáveis que reflete neste valor, possui o mesmo comportamento, estas reduções drásticas sem padrões visível, se trata de momentos da parada da máquina por algum motivo, como se trata de uma linha produtiva, podem ocorrer paradas sem apresentação de falha desta em questão, exemplo de parada por falta de minério no processo de beneficiamento, ou parada preventivas, itens que não foram explorados.

Figura 5. Comportamento da variável ao longo do tempo

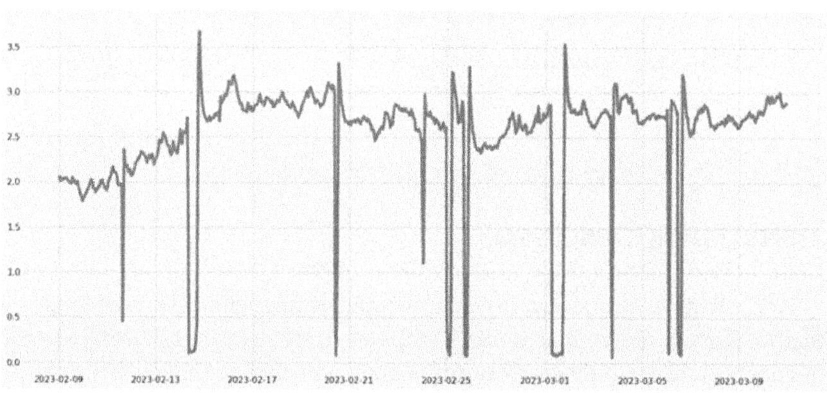

Fonte: Resultado software Phyton original da pesquisa

O motivador deste trabalho é analisar a tendencia da elevação da vibração de máquinas rotativa e prognosticar o motivo deste crescimento, analisando o modo de falha que está provocando este desvio, todas estas variáveis foram estudadas suas estatísticas na cessão de material e métodos.

Para isso foi preciso eliminar as reduções bruscas nas observações deste dataset, sabendo que a máquina rotativa parada não monitora sua vibração e sim uma vibração de fundo, que deve ser desprezada no momento da decomposição, a figura 6 observa-se que o tratamento dos dados não influenciou na informação julga necessária para reconhecer padrões de vibração no funcionamento da máquina, para a série temporal não ficar sem dados neste período da máquina parada, foi utilizado o método de interpolação entre os dados que foram retirados e incluindo a média das 720 observações.

Figura 6. Interpolação valores máquina parada

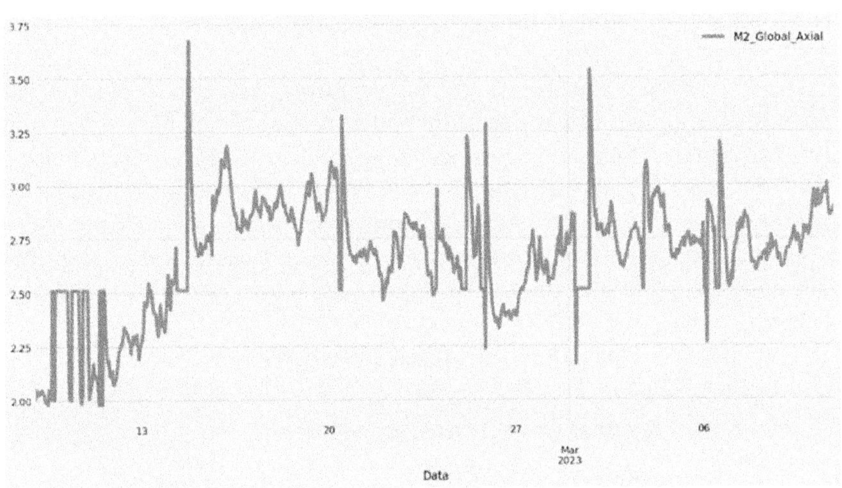

Fonte: Resultado software phyton original da pesquisa

Sabe-se que antes de fazer previsões com séries temporais é necessário fazer o pré-processamento dos dados, mas antes é necessário a verificação da estacionariedade desta série temporal, na figura 7 foi verificado o comportamento da média móvel e o desvio padrão ao longo dos dados originais da série temporal da vibração de nível global, apesar das oscilações da média móvel e desvio padrão, não foi percebido elevação da tendência destes valores estatístico, demonstrando evidência de uma suposta série temporal com estacionariedade.

Figura 7. Teste de estacionariedade com média move e desvio padrão

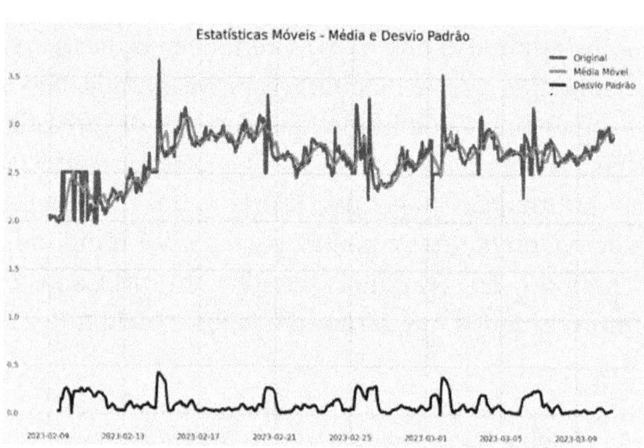

Fonte: Resultado Phyton original da pesquisa

Ao fazer a análise do gráfico de forma visual, fica dúvidas das oscilações que pode levar que os dados podem ser não estacionários, para tirar está contraprova, foi usado o teste de Dickey-Fuller (ADCF), observa-se que o p-valor demostra que a série temporal possui significância estatística indicada pelo seu valor muito abaixo de 0,05, comprovando estacionariedade dos dados observados, podendo dar prosseguimento ao próximo passo de decomposição dos dados, a figura 8 destaca-se os valores extraído com o teste de Dickey-Fuller.

Figura 8. Teste de significância Dickey-Fuller

```
Resultado do Teste Dickey-Fuller:

Estatística do Teste             -9.539589e+00
Valor-p                           2.749471e-16
Número de Lags Consideradas       1.000000e+00
Número de Observações Usadas      6.280000e+02
Valor Crítico (1%)               -3.440806e+00
Valor Crítico (5%)               -2.866153e+00
Valor Crítico (10%)              -2.569227e+00
dtype: float64
```

Fonte: Resultado phyton originais da pesquisa

Na decomposição da série temporal em estudo, observa-se na figura 9 as 4 componentes dos dados:

Dados Originais – Estes dados foram limpos retirando os intervalos que a máquina fica parada onde há uma redução drástica dos valores de vibração, foi utilizado o método de interpolação.

Tendencia – Este componente estatístico refere-se à direção que os dados ao longo do tempo apresentam um crescimento onde neste caso caracteriza desgastes das peças rotativa da máquina, principalmente dos mancais de deslizamento do eixo do motor.

Sazonalidade – Este componente identifica o padrão de variações do sinal de vibração da máquina sempre em um período, na figura fica claro que a série temporal possui um padrão diário de pequena amplitude de 0,050 até -0,050, é explicado pela variação da temperatura ambiente que possui correlação com os níveis de vibração da máquina.

Resíduos – Este componente são todos os sinais que não possui um padrão em suas variações que não caracterize sazonalidade e não possua um crescimento ao longo do tempo que caracterize uma tendencia, neste caso as variações são identificadas pelas paradas e partidas da máquina de forma aleatória.

Figura 9. Decomposição de série temporal estudada

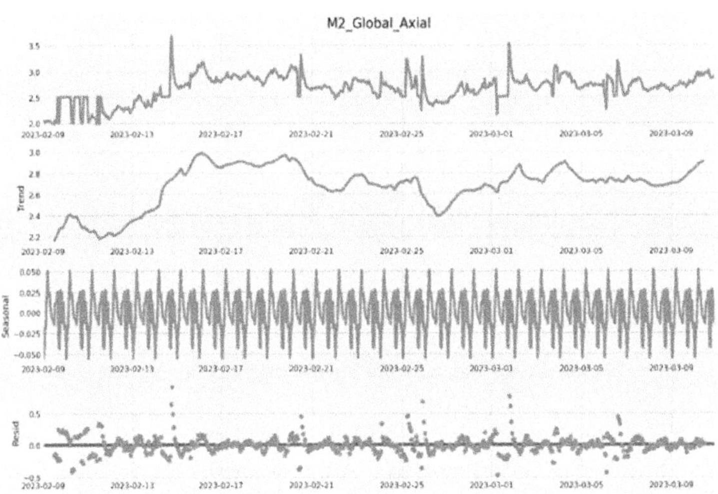

Fonte: Resultado phyton originais da pesquisa

Depois da análise dos componentes extraídos da decomposição da série temporal, inicia-se o pré-processamento das observações, nesta etapa será dividido os dados de treino em duas amostras, contendo os dados de vibração de nível global do mancal 2 do motor do moinho.

Treino – As primeiras 500 observações foram separadas em um dataset a ser usado para o treinamento do modelo.

Validação – As últimas 220 observações foram separadas em outro dataset a ser usado para validação da aprendizagem.

Estudado os 4 principais métodos clássicos para pré-processamento: Modelo Autorregressivo (AR - AutoRegressive); Modelo de Média Móvel (MA - Moving Average); Modelo de Média Móvel Integrada Autorregressiva (ARIMA – AutoRegressive Integrated Moving Average); Suavização Exponencial (Exponential Smoothing). Aplicação somente o método Exponential Smoothing e o método ARIMA.

A suavização exponencial foi a técnica estatística que envolve e pondera os dados na série temporal para que as observações mais recentes tenham maior influência no valor médio. A suavização exponencial foi usada para prever valores futuros da série temporal com base em seus valores passados. Com a utilização da suavização exponencial percebe-se o resultado registrado pela linha verde do gráfico da figura 10.

Figura 10. Previsão com Exponential Smoothing

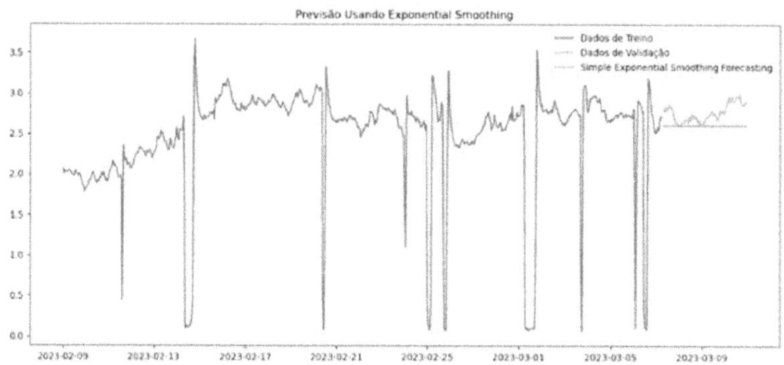

Fonte: Resultado software Phyton original da pesquisa

O modelo estatístico de média móvel integrada autorregressiva combina os modelos autorregressivo (AR) e de média móvel (MA). O modelo ARIMA foi usado para analisar e prever os dados de séries temporais que exibem tendências e sazonalidade. Destaca-se que o modelo ARIMA tem duas importantes variações: SARIMA e ARIMAX, mas nosso case foi testado somente o ARIMA onde observa-se que este modelo foi mais aproximo do real.

Figura 11. Previsão com modelo ARIMA

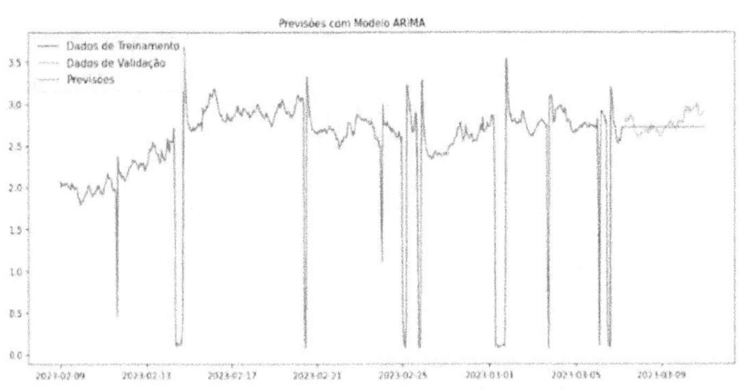

Fonte: Resultado software Phyton original da pesquisa

O gráfico da figura 12, apresenta-se os 200 passos que foi parametrizado neste exemplo para o aprendizado profundo dos dados, percebe-se que teve redução do erro drasticamente até os 10 primeiros passos da aprendizagem, após estes passos, o erro ao longo da aprendizagem profunda, teve uma redução suavemente, é observado que existe uma variação após o passo 125.

Figura 12. Treino do modelo com janela de 24 horas

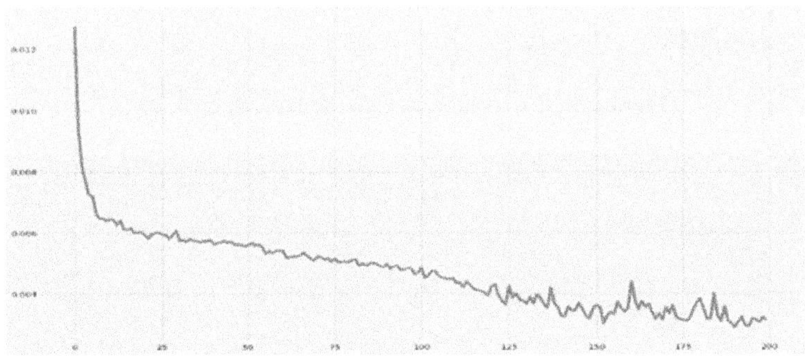

Fonte: Resultado software Phyton original da pesquisa

Observe-se que os registros são separados em ordem cronológica, diferentemente o que foi feito com modelos de Machine Learning que não consideram a data como indexador, esses modelos, a divisão dos dados é forma aleatória. Em séries temporais, a divisão deve ser em ordem cronológica, o tempo é um elemento de informação das observações dos dados, para isso. Observa-se na figura 13 que o resultado da validação do treino, apresentou resultado satisfatório utilizando uma janela de 24 horas.

Figura 13. Validação do modelo com janela de 24 horas

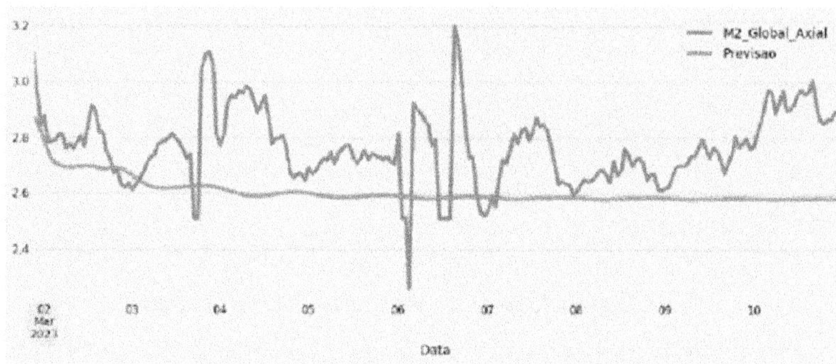

Fonte: Resultado software Phyton original da pesquisa

Sabe-se que o melhor modelo para previsões de série temporal, são necessárias várias simulações com ajustes de parâmetros para otimizar o resultado levando em conta o erro, necessidade de processamento, tempo de treino do modelo, ajuste de janela de sazonalidade, visto está necessidade, foram utilizadas algumas simulações para poder comparar resultados chegando a este apresentado, cujo valor pode ser visto na figura 14 registrando um erro de 20,82%

Figura 14. Erro encontrado do modelo matemático

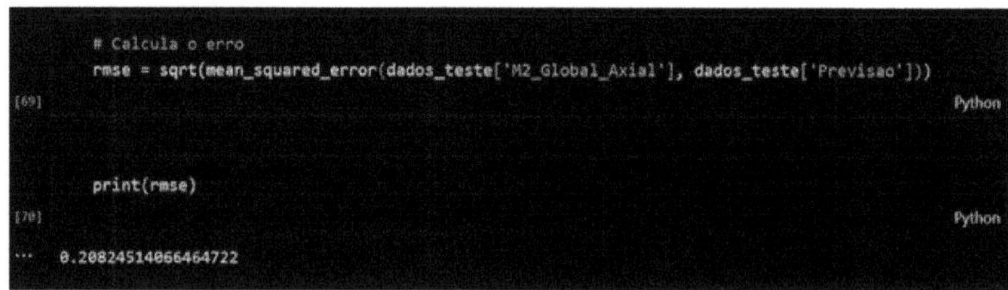

Fonte: Resultado software Phyton original da pesquisa

Voltando aos dados que são capturado e armazenados no PI System (historiador da Planta) na figura 15 onde está sendo monitorado a vibração do mancal 2 do motor, do eixo axial, é feito a relação da variável que será analisado a previsão da série temporal dos dados da vibração nível global verso deslocamento, o padrão identificado com bom funcionamento, diz que o modo de falha no deslocamento da máquina, onde a vibração nível global varia de 1,8mm/s até 3,6mm/s o deslocamento varia entre 0,005mm até 0,01mm, valores superiores a estes, serão necessário análises mais detalhadas.

Figura 15. Vibração global (mm/s) x deslocamento (mm)

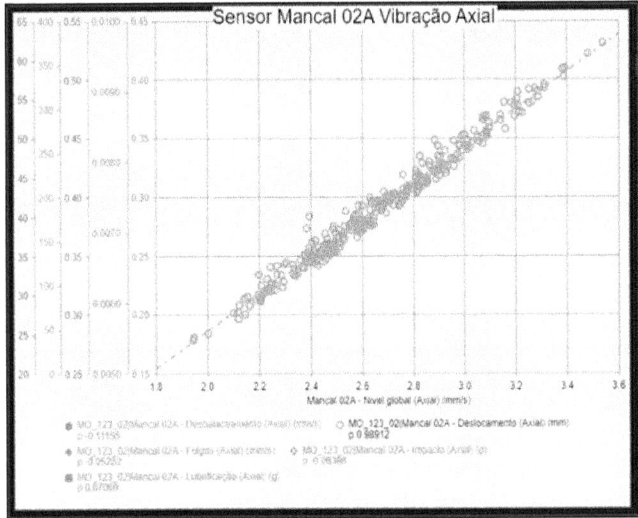

Fonte: Resultado PI Visio original da pesquisa

Continuando com os dados capturados e armazenados no PI System, na figura 16 observa-se, a relação da variável que será analisada a previsão da série temporal dos dados da vibração nível global, verso sinal relacionando a lubrificação, o padrão identificado, considerando o bom funcionamento da máquina, onde a vibração nível global varia de 1,8mm/s até 3,6mm/s e a lubrificação da máquina varia entre 24g até 64g, valor superior a estes, será necessário análise mais detalhada

Figura 16. Vibração global (mm/s) x lubrificação (g)

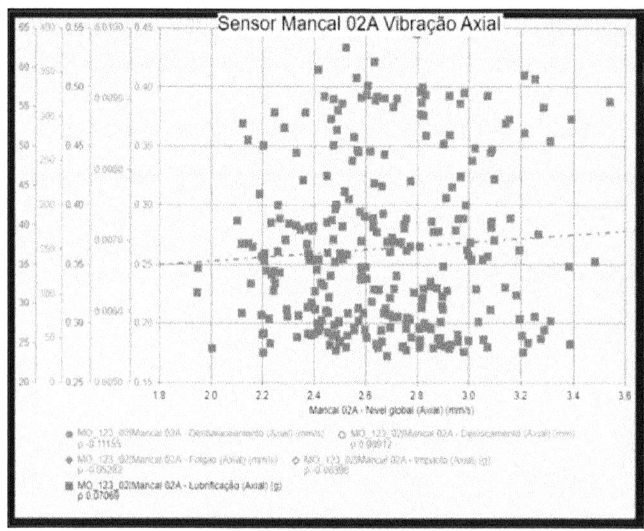

Fonte: Resultado PI Visio original da pesquisa

Estes dados capturados e armazenados no PI System, destacado na figura 17 observa-se, a relação da variável que será analisada a previsão da série temporal dos dados da vibração nível global, verso o sinal que caracteriza folgas mecânicas, o padrão identificado com o bom funcionamento da máquina, demostra que o modo de falha relacionado a folgas da máquina, onde a vibração nível global varia de 1,8mm/s até 3,6mm/s e o sinal relacionando a folgas, varia entre 0,3mm/s até 0,5mm/s, valor superior a estes, será necessário análise mais detalhada.

Figura 17. Vibração global (mm/s) x folga (mm/s)

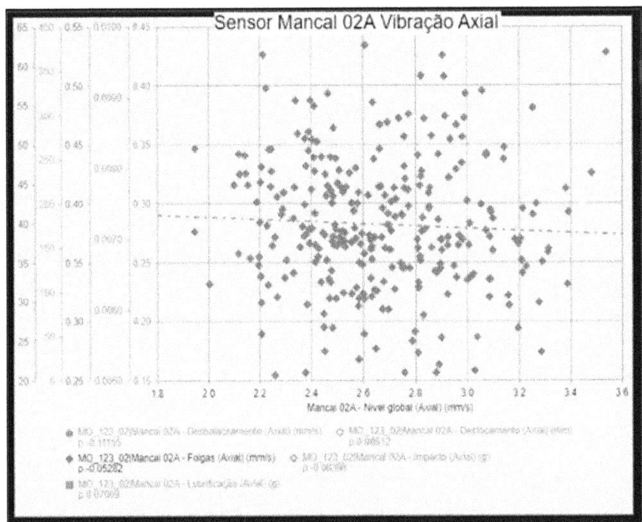

Fonte: Resultado PI Visio original da pesquisa

Estes dados capturados e armazenados no PI System, na figura 18 observa-se, a relação da variável que será analisada a previsão da série temporal dos dados da vibração nível global, verso a variável que indica impacto irregular na máquina, o padrão identificado com o bom funcionamento da máquina, demostra que o modo de falha relacionado a impacto da máquina, onde a vibração nível global que varia de 1,8mm/s até 3,6mm/s e a falha de impacto varia entre 12g até 360g, valor superior a estes, será necessário análise mais detalhada.

Figura 18. Vibração nível global (mm/s) x impacto (g)

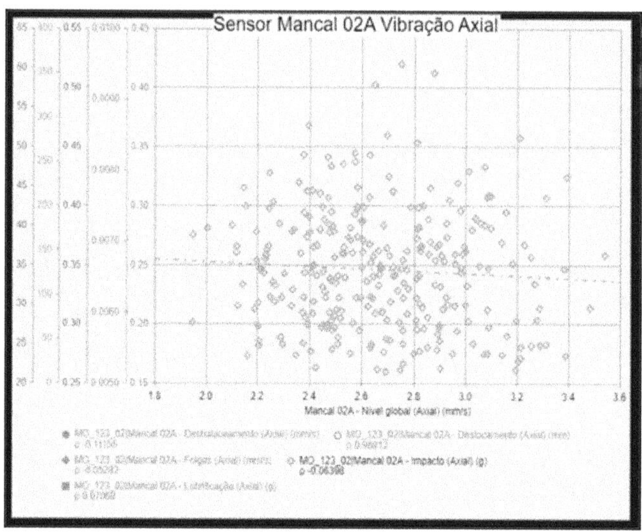

Fonte: Resultado PI Visio original da pesquisa

Estes dados capturados e armazenados no PI System, na figura 19 observa-se, a relação da variável que será analisado a previsão da série temporal dos dados da vibração nível global, verso a variável que indica desbalanceamento, o padrão identificado com o bom funcionamento da máquina, demostra que o modo de falha desbalanceamento da máquina, onde a vibração nível global varia de 1,8mm/s até 3,6mm/s e a falha de desbalanceamento varia entre 0,15mm até 0,40mm/s, valor superior a estes, será necessário análise mais detalhada.

Figura 19. Vibração global (mm/s) x desbalaceamento (mm/s)

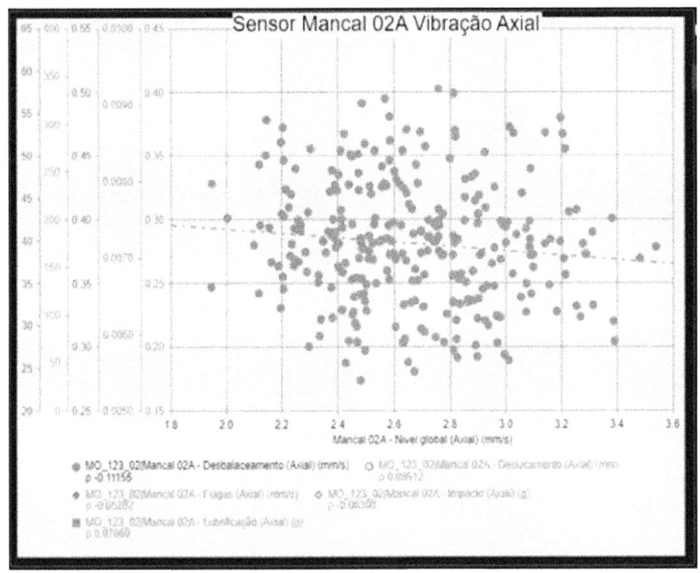

Fonte: Resultado PI Visio original da pesquisa

Avaliações quinzenais servirá para mensurar desvios do valor padrão e tomada de decisão antes que a operação do beneficiamento de minério seja interrompida, com isso a equipe de manutenção será direcionada as correções quando tiver desvios identificado por previsões do valor do nível global estiver fora do padrão e destacar qual modo de falha responsável por este desvio, destaca-se na figura 20 somente um sensor, podendo aplicar em uma escala maior nos demais 36 pontos dos 4 moinhos da mesma planta de beneficiamento de bauxita, trazendo mais confiabilidade e continuidade ao negócio.

Figura 20. Modos de falha acionamento moinho beneficiamento de bauxita

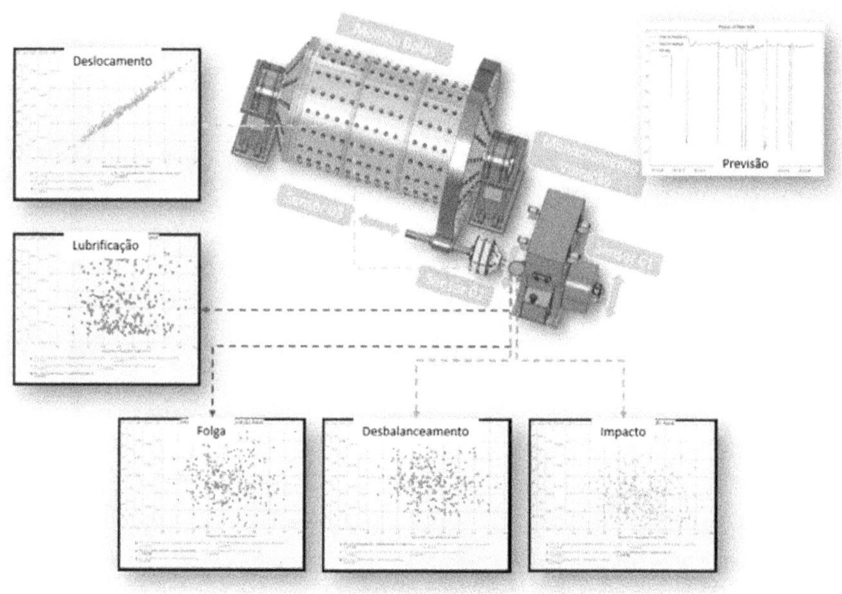

Fonte: Resultado original da pesquisa

5 CONSIDERAÇÕES FINAIS

Destaca-se que este trabalho de conclusão que traz o tema de confiabilidade de equipamento utilizado no beneficiamento de minério de bauxita, traz a estatística para elaborar o fluxo para previsão de séries temporais, iniciando da escolha da variável, identificar quais insight pôde-se ser retirado dela, quais tratamentos necessário, eliminação de dados que não afete a informação que quer retirar da base de dados, decomposição onde foi descoberto o comportamento da tendência sazonalidade e resíduos, a elaboração do pré-processamento foi identificado o melhor modelo dos principais que foram testados, prever o comportamento, sabendo que a máquina está funcionando em perfeitas condições, o resultado final deste trabalho é a entrega do padrão de vibração de nível global de somente um sensor instalado no mancal 2 do acionamento do moinho, os 5 modos de falha que compõem o valor de nível global, também foi pego seu padrão destacado nas figuras de 15 a 19. O estudo foi elaborado com um escala reduzida de forma que possa ser aplicado em escala maior em outros equipamentos não somente na área de mineração mas em qualquer equipamento rotativo crítico da indústria que tenha um sistema de vibração on Line com tratamento de sinais com transformada de Fourier e disponibilidade das amplitudes dos modos de falha no domínio do tempo.

REFERÊNCIAS

AZANK, Felipe. **Dados desbalanceados** - O que são e como lidar com eles. Disponível em: https://medium.com/turing-talks/dados-desbalanceados-o-que-s%C3%A3o-e-como-evit%C3%A1-los-43df4f49732b. Acesso em: 03 nov. 2022.

FÁVERO, Luiz Paulo. **Análise de dados:** Modelos de regressão com Excel®, Stata® e SPSS®. Rio de Janeiro: Elsevier, 2015.

FOGLIATTO, Flávio Sanson; RIBEIRO, Jose Luis Duarte. **confiabilidade e manutenção industrial**. São Paulo: Elsevier 2009.

HYNDMAN, Rob; ATHANASOPOULOS, George. **Forecasting**: Principles and practice. Disponível em: https://otexts.com/fpp2/. Acesso em: 20 jan. 2023.

INDICIUM. **Machine learning**: modelagem preditiva para prevenção de falhas. Disponível em: https://blog.indicium.tech/machine-learning-estudo-de-caso-manutencao-preditiva/. Acesso em: 02 nov. 2022.

KARDEC, Alan; NASCIF, Julio. **Manutenção Função Estratégica**. Rio de Janeiro: QualityMark, 2012.

LAFRAIA, João Ricardo Barusso. **Manual de gestão da manutenção**. Rio de Janeiro: QualityMark 2001. v. 1 e 2.

LEE, In. **Machine learning for enterprises**: Applications, algorithm selection, and challenges, Science Direct, Business Horizons, v. 63, Issue 2, March–April 2020, Pages 157-170

MICROSOFT. **Azure Machine Learning**. 2022. Disponível em: https://azure.microsoft.com/en-us/products/machine-learning/#documentation. Acesso em: 16 jul. 2022.

MOUBRAY, J. 1999. **RCM II**: Realiability-centred Maintenance. São Oxford: Butterworth-Heinemann.

NIELSEN, Aileen. **Análise prática de séries temporais**: predição com estatística e aprendizado de máquina. Rio de Janeiro: Alta Books 2021. v. 1.

ROSA, Rafael Nunes da. **Aplicação da manutenção centrada em confiabilidade em um processo da indústria automobilística**. 2016. Dissertação (Mestrado profissional) Engenharia de Produção, Porto Alegre, 2016 Disponível em: https://lume.ufrgs.br/handle/10183/163902. Acesso em: 21 outubro de 2022

VIANA, Herbert Ricardo Garcia. **Manual de Gestão da Manutenção.** Brasília: Engeteles 2020. v. 1.

CAPÍTULO 5

TRATAMENTO DE PERDA NO SETOR DE MANUTENÇÃO AUTOMOTIVA DE UMA USINA DO SETOR SUCROENERGÉTICO

Klauber Rodolfo Rodrigues de Oliveira
Graduado em Engenharia Mecânica pela Universidade Federal de Campina Grande (UFCG). Líder de Manutenção Automotiva pela Usina Coruripe Açúcar e Álcool.
E-mail: klauberr@gmail.com.

Pedro Felipe de Carvalho Araújo
Graduado em Engenharia Mecânica pela Universidade Federal de Campina Grande (UFCG). Possui MBA em Gestão de Projetos pela Fundação Getúlio Vargas (FGV). Pós-graduando em MBA em Gestão do Agronegócio pela Universidade de São Paulo (USP). Pós-graduando em Engenharia de Operações e Gestão de Ativos pela Universidade Federal do Rio Grande do Norte (UFRN). Mais de 10 anos de atuação no setor sucroenergético. Coordenador de Manutenção Agrícola na Usina Coruripe Açúcar e Álcool.
E-mail: felipecarvalhopj@gmail.com.

Fernando Hugo Andrade e Silva
Mestrando em Engenharia Mecânica pela Universidade Federal de Campina Grande - UFCG. Especialista em Gestão de Projetos pela Faculdade Getúlio Vargas - FGV. Graduado em Engenharia Mecânica - UFCG.
E-mail: fernandohas@gmail.com.

1 INTRODUÇÃO

Partindo da premissa de que no funcionamento de uma empresa as perdas são comuns, e sabendo que para uma empresa manter-se no mercado de forma competitiva deve-se estar atento a detalhes, estudando estas perdas quanto a sua gravidade, frequência, buscando nortear os gestores a tomarem decisões mais assertivas para reduzi-las ou eliminá-las. Dessa maneira, é considerada como atividade indispensável para qualquer bom gestor, o Tratamento de Perdas.

A metodologia de Tratamento de Perdas fundamenta-se em analisar perdas relativas a um indicador, no qual, é definida as perdas de maior relevância e identificadas suas causas raízes. Um plano de ação é criado objetivando eliminá-las. Posto isto, e sabendo que ao longo dos anos o setor da indústria sucroenergética vem crescendo, sendo que a cada dia novas técnicas de produção e gestão são aplicadas, e conceitos de manutenção vem sendo cada vez mais trabalhados, cumpri-nos discutir a questão central que norteará o presente trabalho: O método de Tratamento de Perdas mostra-se eficaz, ou não, para ser aplicado no setor de manutenção automotiva de uma usina do setor sucroenergético?

1.1 OBJETIVO GERAL

Diante da situação problema apresentada, e considerando a carregadeira um equipamento bastante importante nesse setor da indústria, por ser utilizado para o carregamento e descarregamento da cana-de-açúcar na colheita e plantio, distribuição de adubo, entre outras atividades, o presente trabalho tem como objetivo geral: Aplicar o Tratamento de Perdas para estudar um caso específico de um problema com grande ocorrência em carregadeiras de uma usina do setor sucroenergético, sendo então apontadas suas causas e consequente definição de um plano de ação que sane o problema identificado. Dessa forma, ao final do estudo, consegue-se responder com algumas observações a questão apresentada acima.

1.2 OBJETIVO ESPECÍFICO

É importante retratar que, para alcançar o objetivo geral do trabalho, devem ser seguidas de forma sistemática algumas etapas, as quais compreendem os objetivos específicos, a saber: escolher um indicador de manutenção e definir sua perda, definir um problema a ser estudado, estudar o problema e apontar as causas raízes, e definir um plano de ação.

2 FUNDAMENTAÇÃO TEÓRICA

Segundo Viana (2021), a atividade de Tratamento de Perdas aborda procedimentos e técnicas visando analisar as perdas, identificando suas causas raízes, e promovendo um plano de ação para a resolução dos problemas apontados. Na área da manutenção, ela é dada por duas técnicas: Perfil de Perdas e diagrama Jack-Knife

2.1 PERFIL DE PERDAS

O perfil de perdas é uma ferramenta utilizada pela área da manutenção que se fundamenta em identificar lacunas (perdas) em indicadores de manutenção, visualizando-os de forma gráfica, o que facilita a determinação das perdas mais significativas e as causas de maior impacto.

Esta ferramenta segue de forma sequencial: escolhe-se um indicador de manutenção; depois é definida uma lacuna, que é a medida entre o valor real e a meta; em seguida, a lacuna é desdobrada por sistemas e componentes para visualizar o que mais impactou; aplica o diagrama de Ishikawa para definir as causas prováveis; define-se uma prioridade nas causas prováveis e analisa as causas raízes; e, por fim, elabora-se um plano de ação para sanar os problemas.

2.2 DIAGRAMA JACK-KNIFE

O diagrama Jack-Knife tem o objetivo de associar o tipo de falha (leve, crônica, aguda, crítica), o número de falhas, e o MTTR (tempo médio de reparo). A Figura 1, a seguir, mostra o diagrama Jack-Knife.

Figura 1. Diagrama Jack-Knife

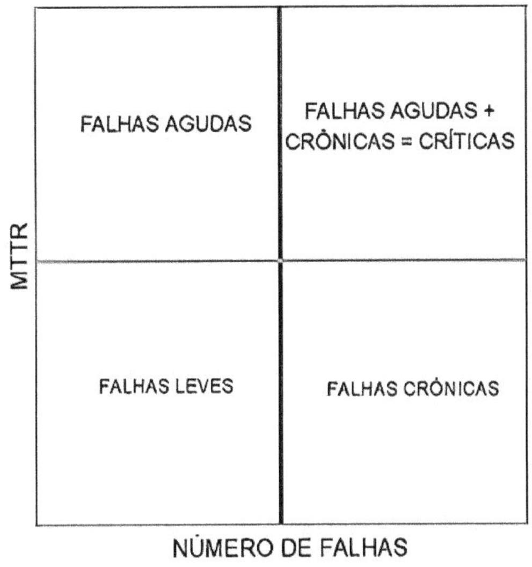

FALHAS AGUDAS

FALHAS AGUDAS + CRÔNICAS = CRÍTICAS

MTTR

FALHAS LEVES

FALHAS CRÔNICAS

NÚMERO DE FALHAS

Fonte: Viana, 2021

A definição dos limites nos eixos das abscissas e ordenadas é dada conforme equações (1) e (2), respectivamente:

$$Limite\ Número\ de\ falhas = \frac{Número\ de\ Corretivas}{Quantidade\ de\ falhas} \quad (1)$$

$$Limite\ MTTR = \frac{Horas\ de\ Manutenção\ Corretiva}{Número\ de\ Corretivas} \quad (2)$$

3 METODOLOGIA

Este trabalho foi construído por meio de uma pesquisa de abordagem quantitativa e de forma aplicada, visando pôr em prática os conhecimentos adquiridos, objetivando solucionar problemas específicos. Segundo os objetivos, a pesquisa é exploratória e de intuito bibliográfico, pois é elaborada com base em material já publicado, como livros, artigos, internet e outros.

O procedimento metodológico usada para realização do trabalho consiste em 8 etapas que devem ser seguidas de forma sistemática para que consigamos alcançar resultados mais assertivos. Dessa forma, foi utilizado o fluxograma ilustrado na Figura 2.

Figura 2. Fluxograma

Etapa 1	Selecionar um indicador a ser analisado
Etapa 2	Extrair dados de disponibilidade das carregadeiras no sistema informatizado na Safra 21/22
Etapa 3	Definir a lacuna (perda) no indicador
Etapa 4	Extrair dados de apontamento dos mecânicos para as carregadeiras no sistema informatizado na Safra 21/22
Etapa 5	Tratar os dados
Etapa 6	Analisar e selecionar um problema para ser estudado
Etapa 7	Estudar o problema e apontar as principais causas que o geram
Etapa 8	Definir um plano de ação para solucionar o problema

Fonte: Própria autoria

Observando a figura acima, temos as seguintes etapas:

- Etapa 1: Trata-se da escolha de um indicador para sua análise;
- Etapa 2: Consiste em extrair os dados da disponibilidade das carregadeiras no período safra 21/22 no sistema de manutenção informatizado;
- Etapa 3: Refere-se a definir a lacuna ou perda no indicador escolhido na Etapa 1;

• Etapa 4: Consiste em extrair os dados, do sistema informatizado, dos apontamentos realizados pelos mecânicos para as carregadeiras no período safra 21/22;

• Etapa 5: Resume-se em organizar os dados em uma planilha para uma posterior análise;

• Etapa 6: Trata de plotar os dados em gráficos de Pareto e Jack-Knife para uma posterior análise e consequente escolha do problema a ser estudado;

• Etapa 7: Fundamenta-se em um trabalho investigativo que consiste em elaborar um diagrama de Ishikawa para depois estudar as causas raízes;

• Etapa 8: Refere-se a colocar em uma planilha ações para a solução da problemática.

4 RESULTADOS E DISCUSSÃO

A princípio foi escolhido o indicador de disponibilidade física das carregadeiras, visto ele ser um dos principais indicadores de manutenção, além de ser bastante utilizado em empresas. Assim, foi extraído do sistema informatizado os dados de disponibilidade física das carregadeiras no período de safra 21/22, e se plotou o gráfico conforme Figura 3 a seguir:

Figura 3. Disponibilidade de carregadeiras na Safra 21/22

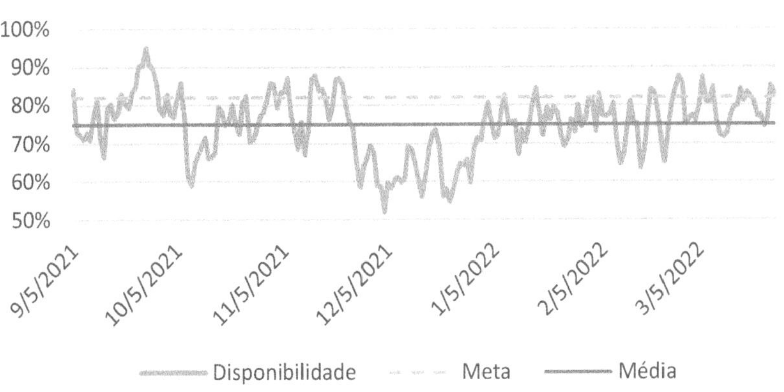

Fonte: Própria autoria

A disponibilidade foi verificada, observando que no período de setembro de 2021 a março de 2022 (Safra 21/22) houve uma disponibilidade média de 74,91%, e sabendo que a meta é de 82%, foi definida uma lacuna de 7,09 p.p. (pontos percentuais).

Depois, realizamos a extração do sistema informatizado dos dados de apontamento dos mecânicos para os serviços nas carregadeiras nos dias em que a disponibilidade não atingiu a meta. Logo, foi possível desdobrar a lacuna de 7,09 p.p. de disponibilidade em várias contribuições de falhas em nível de componentes, sendo então, estes dados, plotados no diagrama de Pareto mostrado na Figura 4 a seguir:

Figura 4. Pareto de falhas em carregadeiras na Safra 21/22

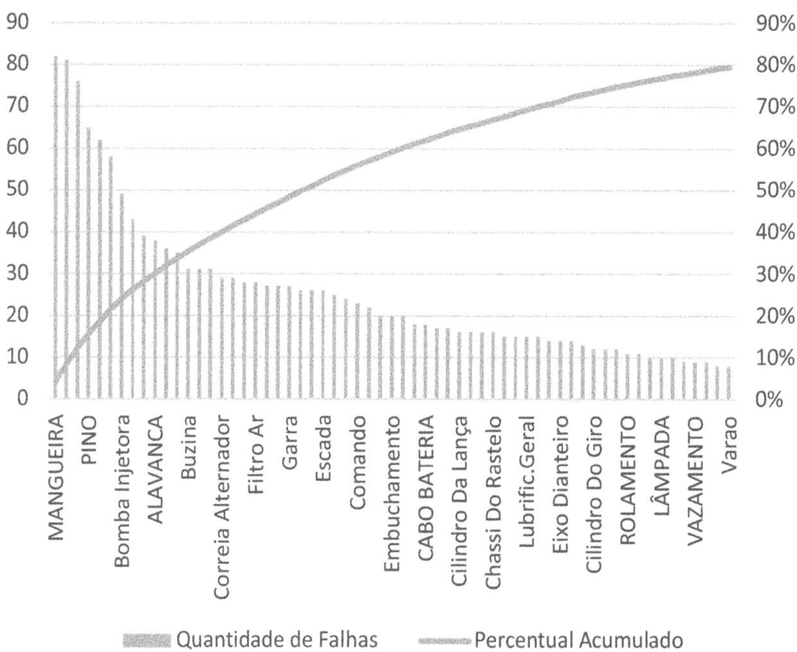

Fonte: Própria autoria

Observando o gráfico, é notado que ao longo do período as carregadeiras apresentaram várias falhas, sendo que as cinco falhas que mais ocorreram foram: 82 mangueiras estouradas, 81 falhas na rodagem, 76 falhas em suportes do sistema hidráulico, 65 falhas em pinos e 62 falhas nos faróis.

Dessa maneira, buscando definir um alvo mais específico para o trabalho, foi plotado o diagrama Jack-Knife das falhas ocorridas com as carregadeiras no período safra 21/22, mostrado na Figura 5 a seguir:

Figura 5. Diagrama Jack-Knife das carregadeiras na Safra 21/22

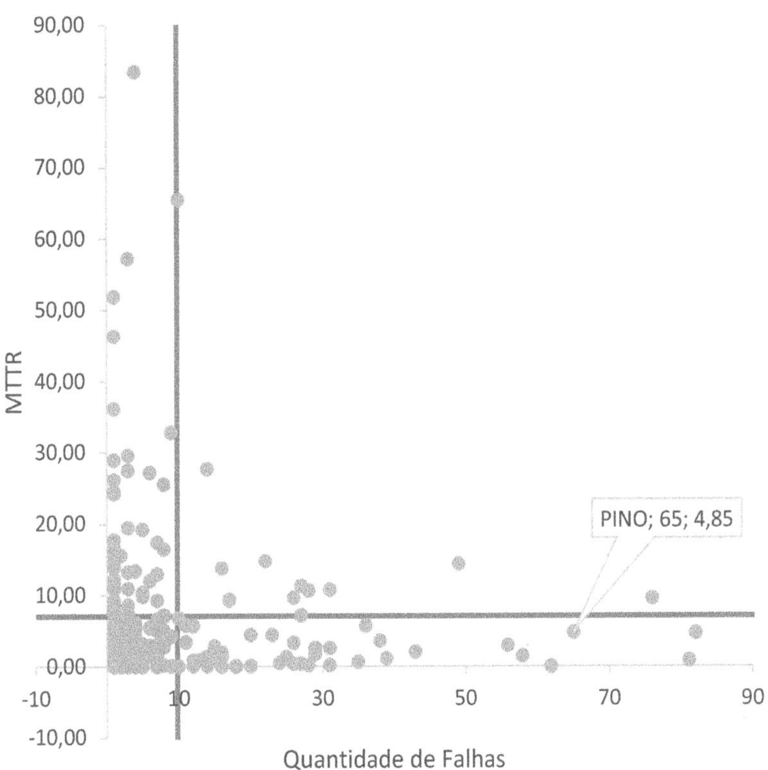

Fonte: Própria autoria

Analisando o gráfico acima, é verificado alguns problemas com alta ocorrência e um MTTR considerável, dentre eles, a falha nos pinos dos cilindros hidráulicos das carregadeiras chamou a atenção. Então foi escolhido este problema para a montagem de um plano de ação e resolução dele.

É apresentado a seguir, na Figura 6, um pino do cilindro da meia lança de uma carregadeira com e sem desgaste:

Figura 6. Pino do cilindro da meia lança de uma carregadeira com e sem desgaste

Pino com desgaste

Pino sem desgaste

Fonte: Própria autoria

Dessa maneira, foi feito o diagrama de Ishikawa, que mostra possíveis causas para a ocorrência do desgaste nas categorias:

• Mão de obra: quando um colaborador realiza seu trabalho de forma inadequada;

• Material: quando o material não é adequado para a realização do trabalho;

• Meio ambiente: quando o problema está relacionado ao meio;

• Método: quando o efeito indesejado é consequência da metodologia de trabalho;

• Máquina: quando o defeito está na máquina;

• Medida: quando é causado por uma medida tomada anteriormente para modificar o processo.

Assim, o diagrama de Ishikawa está mostrado na Figura 7 a seguir:

Figura 7. Diagrama de Ishikawa

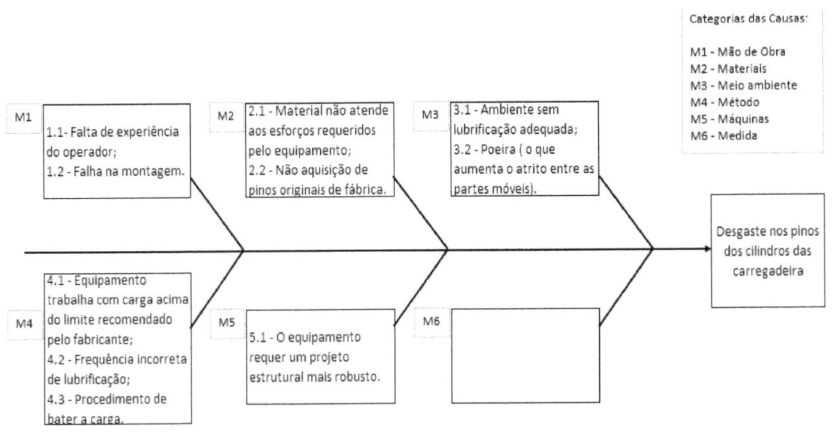

Fonte: Própria autoria

Observando a figura acima verifica-se que as principais causas, por categoria, são:

- Mão de obra: Falta de experiência do operador, no qual ele pode estar trabalhando com a máquina acima do seu limite; ou falha na montagem, cujo qual o mecânico pode ter deformado o pino na montagem, o que gera um desgaste excessivo e reduz sua vida útil;
- Materiais: Não aquisição de pinos originais de fábrica, devido a não padronização dos olhais dos cilindros, resultando na utilização de um material que não atende aos esforços requeridos pelo equipamento;
- Meio ambiente: Ambiente sem lubrificação adequada, seria um ambiente sem lubrificação ou com déficit de lubrificação; ou ambiente com poeira (areia, lama, partículas estranhas) no contato entre as partes móveis, o que aumenta o atrito entre elas;
- Método: O equipamento trabalha com cargas acima do recomendado; frequência incorreta de lubrificação, ou seja, o equipamento é lubrificado abaixo do limite mínimo recomendado; e procedimento de bater a carga para rearranjá-la, na carroça, no carregamento, o que gera um aumento brusco dos níveis de tensão sentidos pelos pinos aumentando o atrito e, por consequência, o desgaste;
- Máquinas: O equipamento requer um projeto estrutural mais robusto, sendo que os pinos necessitariam de um diâmetro maior para distribuir melhor os esforços.

Com as possíveis causas apontadas pelo diagrama de Ishikawa, foi feita a Tabela 1, mostrada a seguir, para priorização das causas. A tabela é formada por uma coluna que discrimina a causa influente, outra coluna com o impacto causado pela causa influente, no qual 4 equivale a um impacto altíssimo, e 1 a um impacto baixo, outra coluna com a facilidade de implementação de uma solução, no qual 4 equivale a muito fácil, e 1 difícil, e, por fim, outra coluna com a prioridade, sendo que para valores de impacto e facilidade menor que 2 a prioridade é baixa, para valores de impacto ou facilidade maior que 2 a prioridade é média, e para valores de impacto e facilidade maior que 2 a prioridade é alta.

Tabela 1. Prioridade das prováveis causas

CAUSA INFLUENTE	IMPACTO CAUSADO	FACILIDADE DE IMPLANTAÇÃO	PRIORIDADE
Falta de experiência do operador	3	2	Prioridade Média
Falha na montagem	2	2	Prioridade Baixa
Material não atende aos esforços requeridos pelo equipamento	4	4	Prioridade Alta
Não aquisição de pinos originais de fábrica	4	4	Prioridade Alta
Ambiente sem lubrificação adequada	4	4	Prioridade Alta
Poeira (o que aumenta o atrito entre as partes móveis	4	1	Prioridade Média
Equipamento trabalha com carga acima do limite recomendado pelo fabricante	4	1	Prioridade Média
Frequência incorreta de lubrificação	4	3	Prioridade Alta
Procedimento de bater a carga	4	2	Prioridade Média
O equipamento requer um projeto estrutural mais robusto	1	1	Prioridade Baixa

Fonte: Própria autoria

Com o que foi exposto na tabela acima, iremos investigar duas prováveis causas que são mais impactantes e podem ser tratadas, sendo elas:

o material do pino pode ser inadequado para o trabalho, e a lubrificação pode estar sendo feita de forma incorreta.

Assim, investigando o material do pino, é sabido que ele é um aço bastante dúctil, que pode não atender aos esforços requeridos pelo equipamento, gerando assim o desgaste excessivo do componente. O desgaste nada mais é que o dano de uma superfície sólida, devido o contato entre superfícies, envolvendo, ou não, perda progressiva de material. Além disso, o desgaste é influenciado por propriedades intrínsecas aos materiais em contato, como: resistência ao desgaste, dureza, módulo de elasticidade; e ao meio ambiente, como: carga, velocidade de deslizamento, temperatura.

De acordo com pesquisas, e matematicamente pela relação de Archard (3), o volume de desgaste (V) é diretamente proporcional à distância de deslizamento (S), Coeficiente de desgaste (K) e a força normal aplicada (P), e inversamente proporcional à dureza (H) da superfície mais macia, como segue:

$$V = K\frac{P}{H}S \qquad (3)$$

De acordo com a equação (3), quanto menor a força aplicada, menor será o volume de desgaste, ao ponto que, quanto maior a dureza do material, menor será o volume de desgaste, e maior será a vida útil dos pinos.

Agora, investigando a lubrificação, temos que uma boa lubrificação resulta em um menor atrito entre superfícies, e consequentemente em uma menor desgaste de sólidos que estão em contato.

O plano de lubrificação das carregadeiras adotado é de duas vezes por semana para as carregadeiras que operam na moagem, e uma vez por semana para as carregadeiras das demais atividades (plantio, adubo, armazém e indústria). Esta frequência de engraxamento não está de acordo com o que é recomendado para máquinas agrícolas, sendo a frequência adequada de 50 horas trabalhadas. Sendo assim, para termos esta frequência, as carregadeiras de moagem deveriam trabalhar 14,3 horas por dia, o que não é verdade, pois elas trabalham em média 18 horas por dia, e as demais carregadeiras deveriam trabalhar 7,14 horas por dia, o que também não é verdade, pois elas trabalham em média 15 horas por dia.

Seguindo a análise foi feita a investigação do principal componente para a lubrificação, a graxa. Ela tem sua base em Lítio NGLI 2, sendo essas graxas de ação prolongada, resistentes a água, com grau elevado de aderência em superfícies metálicas, e apresentam bom desempenho tanto com carga elevada e velocidade alta, quanto com carga baixa e velocidade reduzida. Além disso, o NGLI 2 significa que a graxa tem consistência macia, ou seja, ela não é nem muito fluida nem muito sólida. Isso mostra que ela é uma graxa de qualidade, estando de acordo com a aplicação.

Além disso tudo, foi constatado que o plano de engraxamento das carregadeiras estava incompleto, o que mostra uma falha nos procedimentos da manutenção.

Assim, com o transcorrer do trabalho, conseguimos montar o plano de ação mostrado no Quadro 1 a seguir:

Quadro 1. Plano de ação

<table>
<tr><th colspan="11">PLANO DE AÇÃO</th></tr>
<tr><th rowspan="2">MODO DE FALHA</th><th rowspan="2">PROBLEMA</th><th rowspan="2">AÇÃO</th><th colspan="4">PRIORIZAÇÃO GUT</th><th rowspan="2">RESPONSÁVEL</th><th rowspan="2">PRAZO</th><th rowspan="2">STATUS</th><th rowspan="2">AVALIAÇÃO DE IMPACTOS</th></tr>
<tr><th>G</th><th>U</th><th>T</th><th>GUT</th></tr>
<tr><td rowspan="4">Desgaste nos pinos dos cilindros das carregadeiras</td><td>Material não atende aos esforços requeridos pelo equipamento</td><td>Adquirir e testar pinos com material de melhor qualidade (maior dureza)</td><td>5</td><td>5</td><td>5</td><td>125</td><td>Rodolfo</td><td>30/10/23</td><td>Em andamento</td><td></td></tr>
<tr><td rowspan="3">Lubrificação inadequada</td><td>Estudar formas de aumentar a frequência de lubrificação</td><td>5</td><td>5</td><td>5</td><td>125</td><td>Rodolfo</td><td>30/10/23</td><td>Em andamento</td><td></td></tr>
<tr><td>Completar os planos de engraxamento das carregadeiras</td><td>4</td><td>5</td><td>4</td><td>80</td><td>Rodolfo</td><td>24/02/23</td><td>Feito</td><td>Positiva</td></tr>
<tr><td>Treinar os mecânicos para seguir o plano de engraxamento</td><td>4</td><td>5</td><td>4</td><td>80</td><td>Rafael</td><td>10/10/23</td><td>Em andamento</td><td></td></tr>
</table>

Fonte: Própria autoria

Observando a quadro acima, foi visto que o plano de ação contou ao menos uma ação para cada problema, sendo que estas ações são priorizadas pela matriz GUT, na qual, o G (gravidade) representa o quanto mais grave a situação pode ficar se nada for feito, o U (urgência) representa a urgência para se fazer a ação, e T (tendência) representa a tendência de piorar a situação se nada for feito. Estes valores variam de 1 a 5, sendo: 1 para valores menos representativos, e 5 para valores mais representativos. Também foi definido o responsável por fazer a ação e estipulado um prazo para a conclusão desta.

É importante ressaltar que o plano de ação é uma visão presente para solucionar o problema analisado, entretanto, com o passar do tempo a ação deve ser avaliada, sendo nos casos de impacto positivo, a ação foi bem direcionada, e nos casos de impacto negativo, a ação deve ser repensada.

5 CONSIDERAÇÕES FINAIS

A partir da análise feita, observa-se que o objetivo do trabalho foi alcançado, tendo sido o Tratamento de Perdas destrinchado e aplicado em um ambiente profissional real, o que agregou bastante para o estudo. Além disso, o problema que norteou a pesquisa foi detalhado, pois apontou as principais causas que geraram o desgaste nos pinos dos cilindros hidráulicos das carregadeiras, sendo eles: o material não adequado e a lubrificação inadequada.

O material dos pinos mostrou ser bastante dúctil, e ao longo do trabalho viu-se que pela relação de Archard o volume de desgaste se relacionada com a dureza do material, sendo que quanto maior a dureza do material, menor é o volume de desgaste e maior será a vida útil dos pinos. Assim, um material com maior dureza irá se desgastar menos, e terá um ciclo de vida maior.

Já em relação a lubrificação foi observado que ela propicia um menor atrito entre superfícies, e consequentemente um menor desgaste nos pinos. Viu-se que a frequência de lubrificação das máquinas agrícolas é normalmente de 50 horas trabalhadas, o que não é seguido pela manutenção, e que um bom plano de lubrificação pode ser um grande aliado para diminuir o desgaste de peças, o que impacta diretamente na disponibilidade dos equipamentos. Desse modo, viu-se que para as carregadeiras de moagem a frequência correta de engraxamento seria de três vezes por semana.

Assim, chegou-se a um plano de ação no qual temos como ações: adquirir e testar pinos com material de melhor qualidade (maior dureza), completar os planos de lubrificação das carregadeiras, estudar como aumentar a frequência de engraxamento, e treinar os mecânicos quanto aos planos de lubrificação. É importante ressaltar que, o plano de ação apresentado deve ser avaliado ao longo do tempo para saber se as ações estão causando efeitos positivos ou negativos.

Por fim, o método de Tratamento de Perdas mostra-se eficaz, ou não, para ser aplicado no setor de manutenção automotiva de uma usina do setor sucroenergético? A resposta para esta questão é sim. O método de Tratamento de Perdas mostra-se eficaz, pois refletir sobre a forma que foi trabalhada a problemática dos pinos das carregadeiras, analisando a perda pelo indicador de disponibilidade, no qual foram selecionadas as perdas que tem maior impacto para serem analisadas e posteriormente tratadas, relata um passo a passo muito bem definido, resultando em um plano de ação que se for seguido a risca consegue-se extinguir a perda de disponibilidade, que para o estudo específico era de 7,09 p.p..

Finalmente, o presente trabalho abre caminho para outros estudos, pois além do problema de desgaste dos pinos, as carregadeiras sofrem com vários outros problemas que podem ser estudados e sanados. Ademais, é importante dizer que este estudo não está preso somente as carregadeiras, pode-se fazê-lo para outros equipamentos.

6 AGRADECIMENTOS

Agradeço primeiramente a Deus que me deu a oportunidade de viver, com saúde e perto das pessoas que me fazem bem e, também por ter me proporcionado chegar até aqui.

A minha família, que sempre estiveram e estão ao meu lado, sendo meu porto seguro, minha alegria, foram grandes incentivadores e colaboradores para a concretização desse estudo.

Aos amigos que estão junto comigo nos momentos bons e naqueles nem tão bons assim, pelas risadas e por serem um ombro amigo.

Agradeço em especial ao meu supervisor, Fernando Hugo, ao coordenador de manutenção automotiva, Pedro Felipe, e a todos da Usina Coruripe que por meio da ética e conhecimento, me ajudaram a trilhar caminhos mais assertivos rumo ao sucesso profissional. Sinto muita gratidão por vocês.

REFERÊNCIAS

CASTRO, Victor Velho de; SANTOS, Carlos Alexandre dos; PACHECO, Joyson Luiz. Avaliação da resistência ao desgaste dos aços SAE 52100 e SAE 1045 lubrificados com biodiesel e óleo diesel comercial. In: **70° Congresso Anual da ABM** – Internacional e 15° ENEMET - Encontro Nacional de Estudantes de Engenharia Metalúrgica, de Materiais e de Minas, 2015, Rio de Janeiro. abm week. Disponível em: https://repositorio.pucrs.br/dspace/handle/10923/7488. Acesso em: 13 jan. 2023.

JACTO. **Lubrificação de máquinas agrícolas**: qual é a frequência ideal? Disponível em: https://blog.jacto.com.br/lubrificacao-de-maquinas-agricolas/. Acesso em 29 jan. 2023.

SILVA, Narciane Lorena Muniz da. **Estudo do desgaste de componentes de sistemas de amarração de plataformas offshore**. 2016. Trabalho de conclusão de curso em nível de graduação – Curso de Engenharia Mecânica. Universidade de Brasília, Brasília, 2016. Disponível em: https://bdm.unb.br/bitstream/10483/14391/1/2016_NarcianeLorenaMunizdaSilva_tcc.pdf. Acesso em: 10 jan. 2023.

VIANA, Herbert Ricardo Garcia. **Manual de gestão da manutenção**. 1. ed. Brasília: engeteles, 2021. v. 2.

CAPÍTULO 6

MELHORIA DA QUALIDADE DO PROCESSO DE MONTAGEM DE CUBOS COM A APLICAÇÃO DE RECONHECIMENTO DE IMAGENS POR *DEEP LEARNING*

Gabriel Jonatas Santos Netzlaff
Graduado em Engenharia Mecânica pela Universidade de São Paulo (USP). MBA em Data Science e Analytics pela Universidade de São Paulo (USP). Engenheiro de Manutenção Corporativo na Raízen.
E-mail: gabrielnetz@gmail.com.

1 INTRODUÇÃO

Segundo Igor Martinelli (2021), a Terceira Revolução Industrial após a Segunda Guerra Mundial impulsionou o aprimoramento tecnológico e a eficiência produtiva das empresas. Produtos antes considerados luxuosos, como automóveis, tornaram-se mais acessíveis devido aos avanços nos processos industriais. Para atender às expectativas de desempenho e segurança, a manutenção e confiabilidade industrial se tornaram focos importantes (Fogliatto, 2011).

A manutenção tem evoluído nos últimos 40 anos, adotando métodos enxutos e atualização tecnológica para garantir alto desempenho a um custo viável (Moubray, 1997). A gestão de ativos, descrita na ABNT NBR ISO 55000 (2014), prioriza a obtenção do maior valor possível dos ativos no setor industrial, por meio de políticas de manutenção preventiva e corretiva.

Apesar dos avanços, muitas empresas ainda subutilizam os dados gerados. O uso de técnicas de Data Science e Machine Learning permite aprimorar a gestão de ativos. Embora a mão de obra humana ainda seja necessária em muitos setores de manutenção industrial, metodologias rigorosas, padronização de processos e controle de qualidade são aplicados para reduzir falhas humanas e riscos.

É nesse contexto que este trabalho propõe realizar uma melhoria em uma área de manutenção e gestão de ativos do setor de logística de uma empresa sucroalcoleira. Os conjuntos canavieiros são equipamentos com alto potencial de acidentes com a falha em sistemas críticos. Uma simples falha na montagem pode resultar no desprendimento da roda da carreta durante operação e, consequentemente, grande risco de acidente fatal. A Figura 1 mostra algumas notícias de acidentes com o mesmo modo de falha que acabaram resultado em fatalidade em outras empresas de logística.

Figura 1. Notícias com acidentes de desprendimento de rodas que resultaram em fatalidade

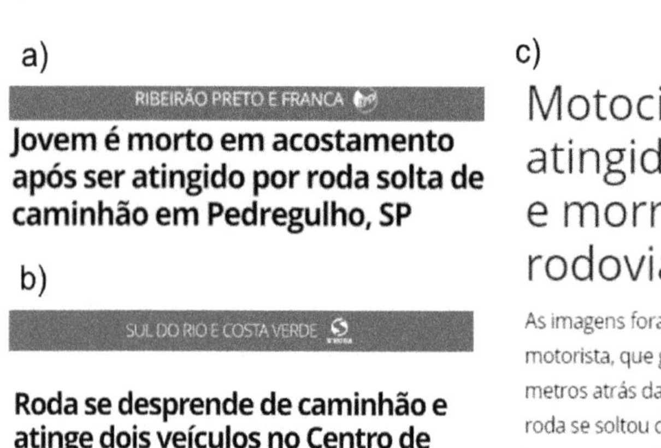
a)

RIBEIRÃO PRETO E FRANCA

Jovem é morto em acostamento após ser atingido por roda solta de caminhão em Pedregulho, SP

b)

SUL DO RIO E COSTA VERDE

Roda se desprende de caminhão e atinge dois veículos no Centro de Volta Redonda; veja vídeo

Caminhão que vinha no sentido contrário e carro que estava estacionado ficaram danificados. Acidente aconteceu na Avenida Getúlio Vargas.

c)

Motociclista é atingido por pneu e morre em rodovia

As imagens foram gravadas por um outro motorista, que guiava uma moto alguns metros atrás da vítima. De repente, uma roda se soltou de um carro na outra pista, bateu no canteiro e acertou a cabeça do motociclista. Veja todos os vídeos do Brasil Urgente.

Fonte: a) g1.Globo 2019; b) g1.Globo 2020; c) UOL Band 2015

Desse modo, para mitigar a ocorrência de acidentes conforme exemplificado nas notícias acima, a área de manutenção da empresa deste case investiu em programas de padronização de processos, capacitação dos colaboradores e incentivo de excelência e melhoria contínua. Além disso, todas atividades de montagem de cubo de rodas, passaram a ser registradas por fotos em um aplicativo padrão. Essas fotos ficam registradas na nuvem e algumas amostras são auditadas por um engenheiro especialista para avaliação da qualidade dos serviços em cada uma das diversas oficinas de manutenção da empresa.

No entanto essas melhorias processuais contam com duas limitações principais: Nem todas as fotos são auditadas e há necessidade de mão de obra humana para avaliação das imagens. Essa mão de obra ainda estaria sujeita a falha humana e poderia estar sendo direcionada a outra atividade do setor de manutenção. Desse modo, o setor de manutenção decidiu investir em um projeto para criação de uma inteligência artificial capaz de realizar a avaliação de todas as imagens de serviço de montagem de cubo de rodas de maneira automatizada com maior eficiência do que a avaliação amostral humana.

Para estimar a eficiência da avaliação amostral de imagens pelo engenheiro especialista, foram realizadas 4 novas avaliações na população total de imagens em um mês de serviços por outros 3 engenheiros especialistas. A população total de cubos montados era de aproximadamente

900 imagens neste mês, e a eficiência de detecção de serviços de baixa qualidade pelo especialista foi de 88%.

Desse modo, o objetivo geral deste trabalho é desenvolver um algoritmo capaz de interpretar automaticamente as imagens de serviços de montagem de cubo de rodas e identificar desvios de qualidade com precisão superior a 88%. Os serviços de baixa qualidade deve ser informados imediatamente para os gestores responsáveis pela oficina.

Para alcançar esse objetivo, deve-se escolher uma técnica de programação em deep learning adequada e capaz de classificar imagens baseado em banco de imagens pré-estabelecido. Após a definição do algoritmo, deve-se refinar o código e o banco de dados para que os resultados sejam confiáveis e precisos. Por fim, deve-se aplicar a inteligência artificial treinada no processo de manutenção para que a identificação de desvios aconteça de forma automatizada.

2 MATERIAIS E MÉTODOS

Este trabalho de pesquisa possui natureza aplicada, com objetivos exploratórios e uma abordagem que combina métodos quantitativos, com a modelagem e simulação do algoritmo que classifica imagens, e qualitativos, com a classificação preliminar dos serviços de manutenção em "Aprovado" e "Reprovado".

Figura 2. Etapas da pesquisa realizada

Fonte: Autor

Conforme a figura 2, foi utilizada a base de imagens de serviços previamente classificadas pelo especialista responsável para treinamento de uma versão preliminar do algoritmo. Em seguida, mais imagens foram classificadas manualmente ao longo de três meses para melhoria do algoritmo.

Atualmente, o método mais utilizado para classificação de imagens é a metodologia apresentada em Rowel Atienza (2020) de Redes Neurais Convolucionais, ou CNN (Convolutional Neural Network). Além disso, esse método possui diversas bibliotecas em código aberto para modelagem das redes neurais e implantação do algoritmo em Python. Desse modo foi realizada a modelagem da CNN (Convolutional Neural Network), utilizando a biblioteca TENSORFLOW 2.x na linguagem de programação Python, para criação do algoritmo de classificação automática das imagens enviadas.

Figura 3. Método de construção da rede neural utilizando Redes Neurais Convolucionais

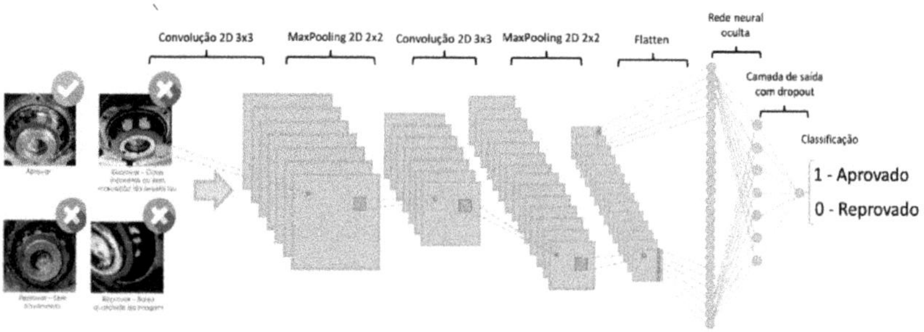

Fonte: Autor

A avaliação da qualidade do modelo foi feita a partir da função de perda, uma medida que quantifica o quão bom o modelo está desempenhando a tarefa de classificação. Essa função é minimizada para cada epoch (época) de treinamento. Uma época se refere ao hiperparâmetro que define o número de vezes que o modelo passou por todos os dados de treinamento. Além disso, após o término do treinamento também são avaliadas a precisão (acurácia), sensividade e especificidade da matriz de confusão do modelo final treinado. Foram utilizadas 80% das imagens coletadas para treinamento do modelo e 20% para teste.

Um dos grandes problemas de modelagem de uma rede neural é o *overfitting* (sobretreino), quando o modelo fica eficiente em classificar os dados de treinamento, mas pouco eficiente para avaliar novos dados. Para evitar *overfitting* do modelo, após cada época de treinamento dos dados, o modelo faz uma avaliação da função de perda das imagens de teste. Caso a função de perda dos dados de teste começar a aumentar em até 3 épocas, a função de treinamento finaliza o processo (earlystopping).

Figura 4. Exemplo gráfico da tendência de overfitting e atuação da função EarlyStopping para interromper o treinamento

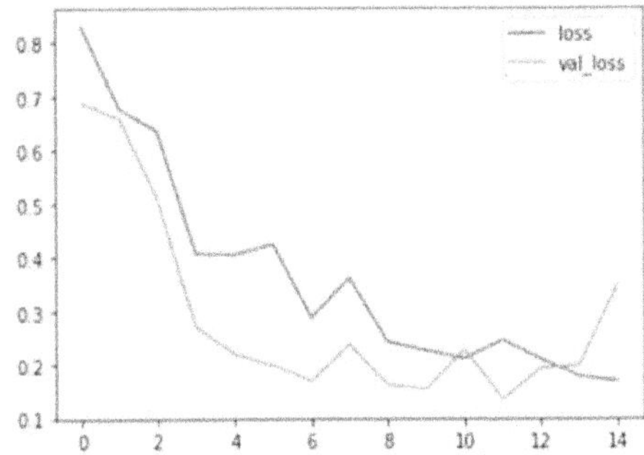

Fonte: Autor

Além disso, para reduzir ainda mais o overfitting e melhorar a qualidade do modelo, foi utilizada a função "ImageDataGenerator" dos pacotes disponíveis para pré-processamento do Tensorflow 2.0 (biblioteca para análises deep learning no python). Essa função distorce, rotaciona, inverte e corta aleatoriamente as imagens antes de alimentar ao modelo de machine learning.

Figura 5. Exemplo de funcionamento da função ImageDataGenerator

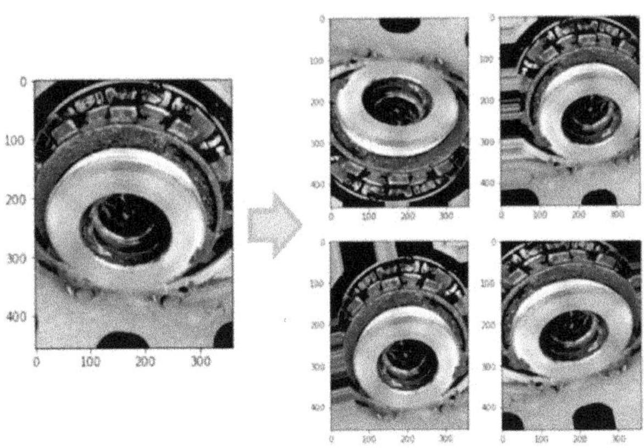

Fonte: Autor

Utilizando o modelo Sequantial e as camadas Activation, Dropout, Flatten, Dense, Conv2D, MaxPooling2D das bibliotecas disponíveis do TensorFlow 2.x, foram construídas diferentes estruturas de redes neurais convolucionais baseada em exemplos disponíveis em Christian Szegedy (2015), Rowel Atienza (2020) e Pramod Singh (2020). A partir da eficiência de cada estrutura e custo computacional, será escolhido o melhor modelo para predição da qualidade das imagens de serviço de manutenção.

3 RESULTADOS E DISCUSSÕES

Foi construído a versão preliminar do modelo de redes neurais convolucionais, com entrada de imagens 600x600 e 4 camadas de convolução 3x3. Em seguida, a última camada transforma as matrizes de imagem em um vetor e alimenta uma rede neural oculta de 254 nós.

Figura 6. Resultados do teste preliminar de modelagem

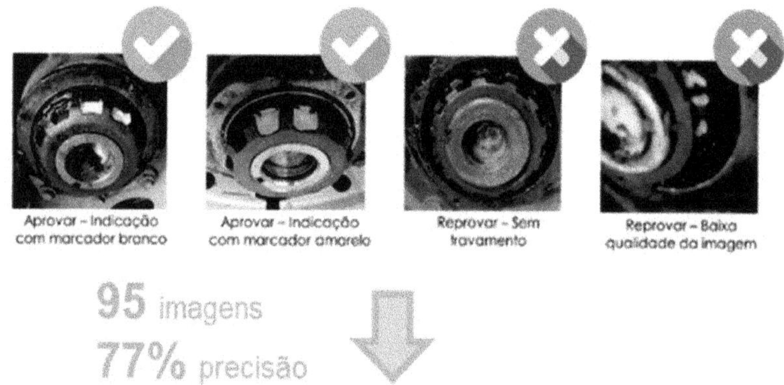

		Rotulo Previsto			
		reprov qualid	reprov sem trava	aprov branco	aprov amarelo
Rotulo Verdadeiro	reprov qualid	**2 (100,0%)**	-	-	-
	reprov sem trava	1 (100,0%)	**0 (0,0%)**	-	-
	aprov branco	-	-	**3 (100,0%)**	-
	aprov amarelo	1 (33,3%)	-	-	**2 (66,7%)**

Fonte: Autor

Os resultados preliminares mostraram precisão de 75% do modelo conforme a matriz de confusão da figura 10. Para melhorar a qualidade e precisão do modelo, o procedimento de montagem foi atualizado com a padronização da cor de pintura dos dentes travados. A partir de então, seria considerado como um serviço "Aprovado" apenas aqueles que pintassem a arruela lisa de branco (item 8 da figura 3) e de vermelho os dentes travados da arruela dentada (item 7 da figura 3).

Figura 7. Exemplos de serviços aprovados e reprovados padronizados no processo de montagem de cubo

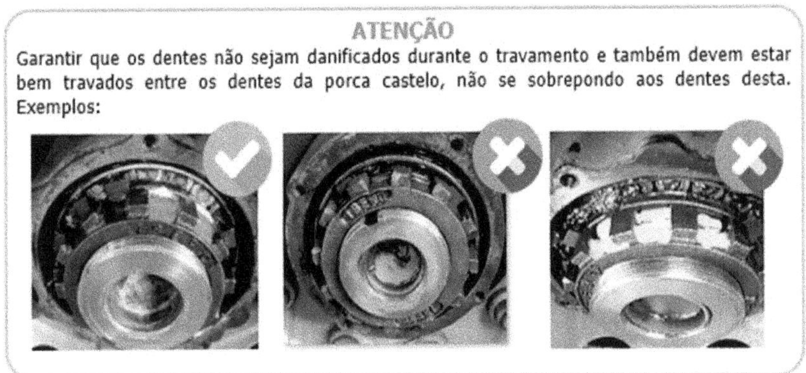

Fonte: Autor

Com mais 3 meses de acompanhamento, foi possível levantar um total de 695 imagens para treinamento e treinar modelos com precisões muito mais consistentes.

Figura 8. Exemplo de fotos que foram rotuladas como "Reprovado"

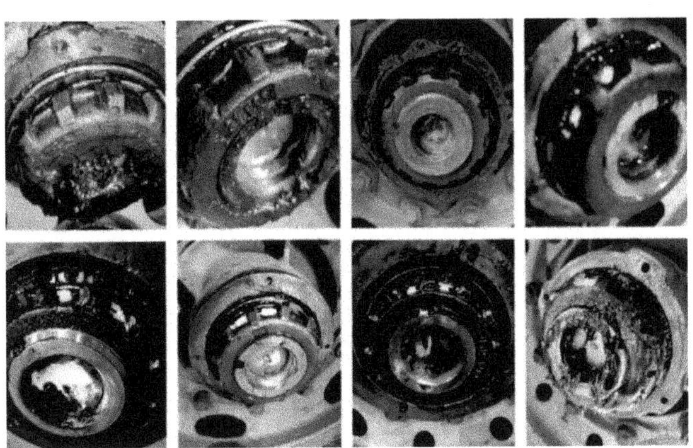

Fonte: Autor

Figura 9. Exemplo de fotos que foram rotuladas como "Aprovado"

Fonte: Autor

Ao aplicar o Modelo CNN #1 ao novo banco de dados com maior quantidade e rótulos simplificados, foi possível obter uma precisão de 90,7%. O custo computacional do treinamento foi de aproximadamente 31 minutos e o tempo de predição por foto é de aproximadamente 1128 ms.

Figura 10. Resultados do primeiro teste de modelagem utilizando o Modelo CNN #1

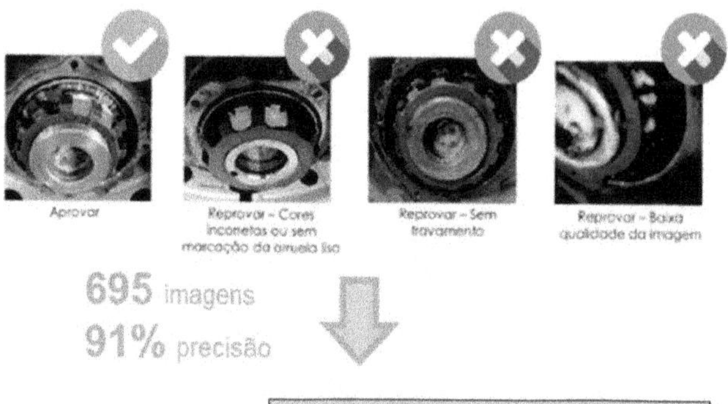

		Rotulo Previsto	
		Aprovado	**Reprovado**
Rotulo Verdadeiro	**Aprovado**	**88 (97,8%)**	2 (2,2%)
	Reprovado	11 (22,0%)	**39 (78,0%)**

Fonte: Autor

Apenas com o aumento no número de imagens, foi possível obter uma melhoria significativa na precisão do modelo de classificação de imagens. Para o primeiro e os próximos testes definitivos (com as 695 imagens), foram construídos gráficos históricos da precisão e função de perda durante as épocas de treinamento com o objetivo de avaliar a qualidade da estrutura CNN e propor novas estruturas de redes neurais.

Figura 11. Histórico da precisão e função de perdas dos dados de treinamento (azul) e de validação (laranja)

Histórico de épocas durante o treinamento #1

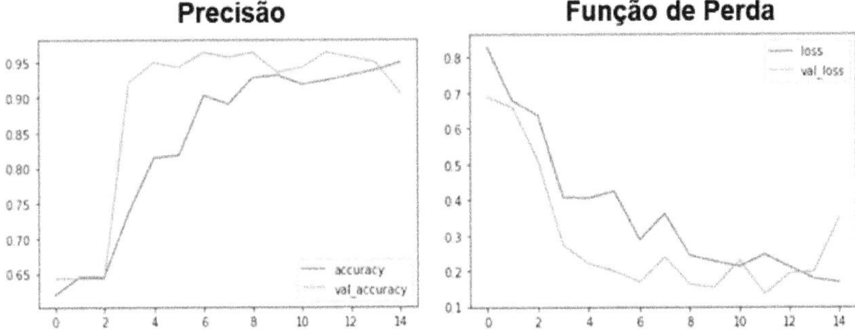

Fonte: Autor

Foi criado o modelo CNN #2 com a adição de mais filtros por camadas, e observou-se uma melhoria na precisão, no entanto uma instabilidade maior da precisão e função de perdas nas épocas de treinamento. Além disso, o custo computacional para classificação de uma imagem subiu para aproximadamente 1327 ms.

Figura 12. Resultados do segundo treinamento utilizando o Modelo CNN #2

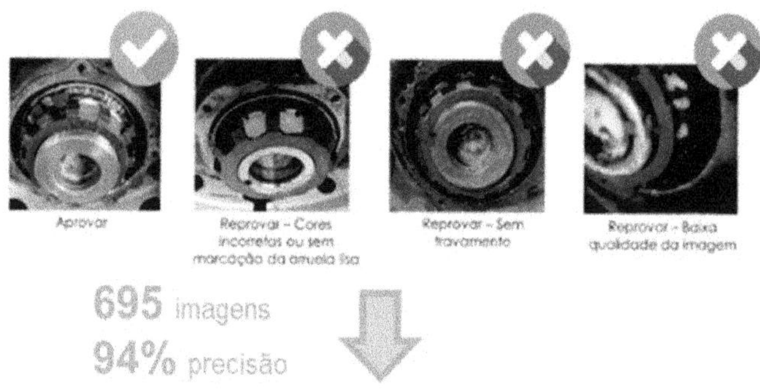

		Rotulo Previsto	
		Aprovado	**Reprovado**
Rotulo Verdadeiro	**Aprovado**	**93 (93,0%)**	7 (7,0%)
	Reprovado	2 (4,0%)	**48 (96,0%)**

Histórico de épocas durante o treinamento #2

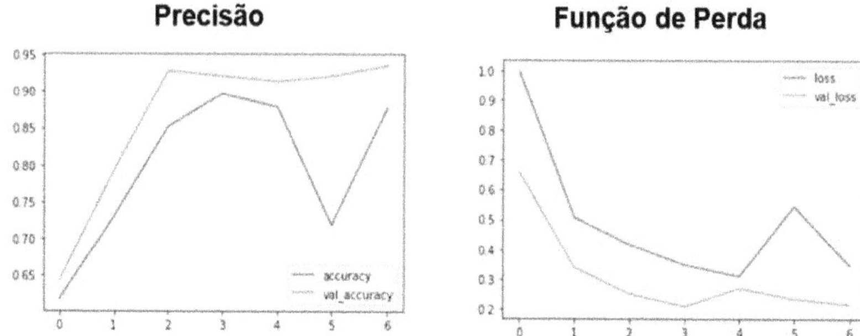

Fonte: Autor

Segundo Christian Szegedy (2015), não existe uma regra bem estabelecida para o número de filtros por camada de rede convolucional, no entanto, usualmente o melhor número de filtros por camadas está relacionado ao número total de camadas da CNN. Em outras palavras, não é recomendada que uma rede neural pouco profunda possua muitos filtros. Desse modo, para as próximas redes neurais, foram definidos 32 filtros para a primeira camada e 64 para as demais camadas. Além disso, segundo Christian Szegedy (2015), a redução das dimensões das imagens pode ter impactos muito positivos na precisão do modelo e no custo computacional.

No Modelo CNN #3, foi reduzido o número de filtros, reduzido o número nós na camada oculta final e reduzido a resolução das imagens de entrada para 300x300. Apenas com essas mudanças, foi possível ter uma redução significativa no tempo de teste e no número de parâmetros que são treinados na rede neural (de 40 para 2 milhões). A precisão subiu para 96% e o custo computacional para classificação de uma imagem reduziu para 419 ms.

Figura 13. Resultados do terceiro treinamento utilizando o Modelo CNN #3

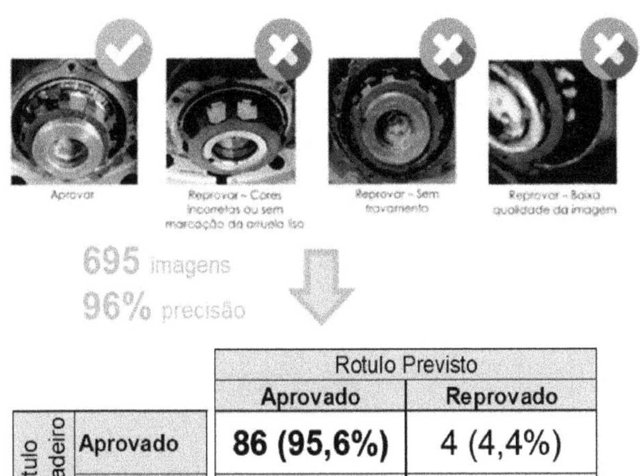

		Rotulo Previsto	
		Aprovado	Reprovado
Rotulo Verdadeiro	Aprovado	**86 (95,6%)**	4 (4,4%)
	Reprovado	1 (2,0%)	**49 (98,0%)**

Histórico de épocas durante o treinamento #3

Precisão | **Função de Perda**

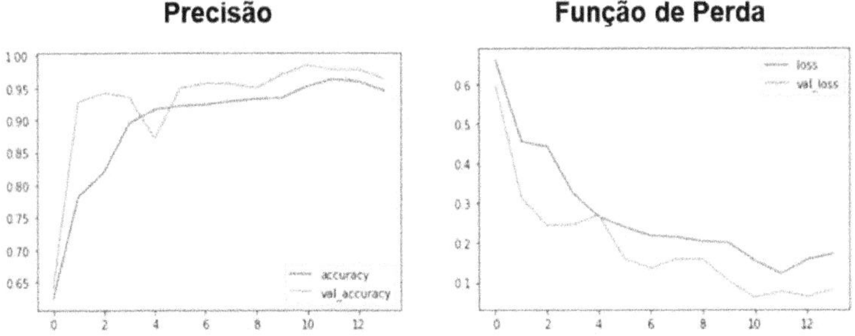

Fonte: Autor

Após esses resultados satisfatórios, foi possível criar o Modelo CNN #4, com uma alteração na última camada convolucional da rede neural Conv2d 3x3, sendo substituída pelas camadas Conv2d 1x3 e Conv2d 3x1. Segundo Christian Szegedy (2015), essa é uma estratégia que pode ser aplicada nas últimas camadas da rede neural para aumentar a precisão e reduzir em até 33% o custo computacional da rede neural.

Figura 14. Estratégia de substituição de uma camada convolucional 3x3 por uma camada 1x3 e outra 3x1 na rede neural

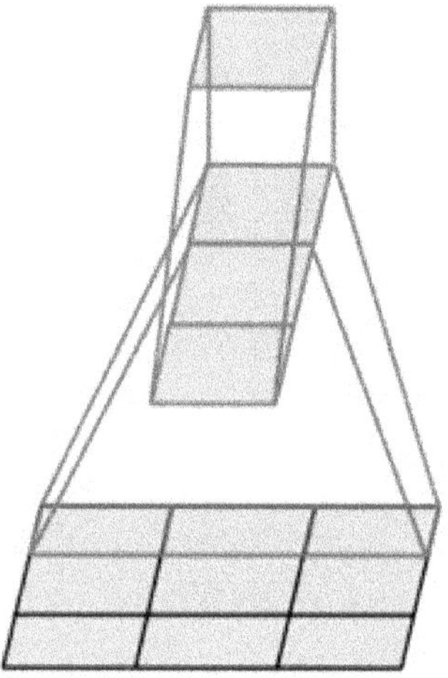

Fonte: Christian Szegedy (2015)

No quarto treinamento, utilizando o Modelo CNN #4 foi possível melhorar a precisão para 98% com um custo computacional de apenas 291ms para classificação de uma imagem.

Figura 15. Resultados do quarto treinamento utilizando o modelo CNN #4

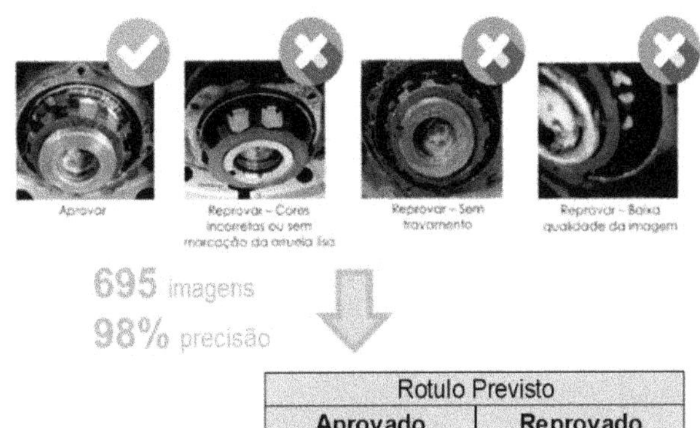

		Rotulo Previsto	
		Aprovado	Reprovado
Rotulo Verdadeiro	Aprovado	**88 (97,8%)**	2 (2,2%)
	Reprovado	1 (2,0%)	**49 (98,0%)**

Histórico de épocas durante o treinamento #4

Precisão | **Função de Perda**

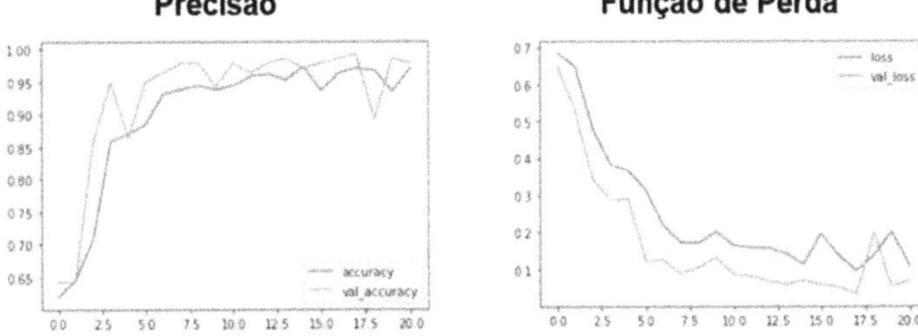

Fonte: Autor

Comparando o custo computacional e a precisão de todos os modelos treinados, verificou-se que a quarta versão foi o melhor modelo criado para classificação das imagens de serviço de montagem de cubo de roda de carretas. Esse foi o modelo com melhor precisão e menor custo computacional necessário. Além disso as imagens geradas pelo serviço podem ser armazenadas na resolução de 300x300, o que reduziria espaço na nuvem necessário para guardar o histórico de imagens.

A tabela abaixo mostra um resumo dos resultados obtidos no teste preliminar com 95 imagens e nos testes realizados para cada estrutura CNN com a base completa (695 imagens):

Tabela 1. Resultados dos treinamentos do modelo de classificação de imagens

	Funçao de Perda	Precisão	Sensividade	Especificidade	Custo Computacional (por classificação) [ms]
Modelo CNN #1 (Teste Preliminar)	0,52332	77,8%	83,3%	66,7%	1123
Modelo CNN #1	0,34615	90,1%	97,8%	78,0%	1128
Modelo CNN #2	0,21648	93,0%	93,0%	96,0%	1327
Modelo CNN #3	0,08247	96,4%	95,6%	98,0%	419
Modelo CNN #4	0,07098	97,9%	97,8%	98,0%	291

Fonte: Autor

5 CONSIDERAÇÕES FINAIS

O objetivo geral do projeto era desenvolver um algoritmo capaz de interpretar as imagens de serviços de montagem de cubo de rodas e identificar desvios de qualidade com precisão superior a 88%. Com 695 imagens de coletadas, foi possível criar um modelo de classificação de imagens com 98% de precisão.

Para isso, foi utilizado o modelo de redes neurais convolucionais, cuja estrutura neural foi sendo refinada ao longo deste trabalho. Esse modelo de classificação de imagens foi conectado ao formulário online e automatizado para enviar um e-mail padrão em caso de reprovação na qualidade do serviço executado.

Essa implantação possibilitou um sistema simples e automático que está constantemente garantindo a qualidade do serviço de manutenção registrado. Durante o primeiro ano da implementação do trabalho foi possível identificar alguns serviços com baixa qualidade, que foram tratados imediatamente na área.

Com a aplicação dessa tecnologia e obtenção de resultados positivos no setor de manutenção da empresa em questão, será possível expandir para outras etapas de processos de manutenção que podem ser controladas a partir de imagens após execução do serviço.

REFERÊNCIAS

ASSOCIAÇÃO BRASILEIRA DE NORMAS TÉCNICAS - ABNT. **NBR 5462**: Confiabilidade e Mantenibilidade. Rio de Janeiro, 1994

ASSOCIAÇÃO BRASILEIRA DE NORMAS TÉCNICAS - ABNT. **NBR ISO 55000**: Gestão de Ativos – Visão geral, princípios e terminologias, 2014

ATIENZA, Rowel. **Advanced Deep Learning with TensorFlow 2 and Keras**. 2. ed. Birmingham, Reino Unido: Packt Publishing. 2020.

FOGLIATTO, Flavio Sanson; RIBEIRO, José Luis Duarte. **Confiabilidade e Manutenção Industrial**. 1. ed. Rio de Janeiro: Elsevier, 2011

MANUAL DO PROPRIETÁRIO DE CARRETAS E CARREGA TUDO – Randon. Caxias do Sul-RS, Brasil, 2013.

MARTINELLI, I. Da preventiva à preditiva, a evolução da gestão da manutenção. **Revista da Manutenção**, v.1, 2021. Disponível em: https://www.revistamanutencao.com.br/literatura/tecnica/manutencao/entenda-a-evolucao-da-manutencao-preditiva.html. Acesso em: 20 jul. 2023.
MOUBRAY, John. **RCM II** – Reliability Centered Maintenance. 2. ed. Oxford OX2 8DP, Reino Unido: Butterworht Heinemann. 1997

NOTÍCIAS G1 E UOL SOBRE ACIDENTE COM DESPRENDIMENTO DE RODAS. Disponíveis em: https://g1.globo.com/sp/ribeirao-preto-franca/noticia/2019/03/14/jovem-e-morto-em-acostamento-apos-ser-atingido-por-roda-solta-de-caminhao-em-pedregulho-sp.ghtml; https://g1.globo.com/rj/sul-do-rio-costa-verde/noticia/2022/02/18/roda-se-desprende-de-caminhao-e-atinge-dois-veiculos-no-centro-de-volta-redonda-veja-video.ghtml; https://www.band.uol.com.br/noticias/brasil-urgente/videos/motociclista-e-atingido-por-pneu-e-morre-em-rodovia-15437956.

SINGH, Pramod; MANURE, Avinash. **Learn Tensorflow 2.0**: Implement Machine Learning and Deep Learning Models with Python. 1. ed, Bangalore, Karnataka: Apress. 2020

SZEGEDY, C.; VANHOUCKE, V.; IOFFE, S.; SHLENS, J.; WOJNA, Z. **Rethinking the Inception Architecture for Computer Vision**. arXiv, v.3, 2015. Disponível em: https://arxiv.org/abs/1512.00567.

CAPÍTULO 7

IOPTIMUM: UMA FERRAMENTA DE GERAÇÃO DE CRONOGRAMAS OTIMIZADOS PARA A MANUTENÇÃO BASEADO EM I.A.

Antônio José Campos Ribas Tameirão
Graduado em Engenharia Mecânica pela Universidade Federal do Espírito Santo. Atua como cientista de dados na IndustriALL.
E-mail: antonio.tameirao@industriall.ai.

Victor Pedrote Cesconetto
Graduado em Engenharia Elétrica pela Universidade Federal do Espírito Santo. Atua como cientista de dados na IndustriALL.
E-mail: victor.cesconetto@industriall.ai.

William Ludovico Homem
Graduado em Engenharia Mecânica pela Universidade Federal do Espírito Santo. Atua como cientista de dados na IndustriALL.
E-mail: william.homem@industriall.ai.

1 INTRODUÇÃO

A manutenção industrial desempenha um papel fundamental na garantia do bom funcionamento e na maximização da eficiência das operações em indústrias. No entanto, a elaboração de cronogramas de manutenção eficientes, que minimizem a ociosidade de recursos e maximizem o número de tarefas executadas por semana, é uma tarefa desafiadora e, muitas vezes, morosa e susceptível a falhas humanas.

Em paralelo a essa dificuldade, o uso de inteligência artificial (I.A.) vem ganhando força em diversos campos de atuação. A indústria, por sua vez, vem ganhando um grande destaque, como sugere o aumento no número de artigos publicados por ela na área de I.A. Entre 2000 e 2020, a indústria passou a ter presença em 38% dos artigos publicados em grandes conferências, em detrimento de 22% no início do milênio, como indicado por Ahmed, Wahed e Thompson (2023).

Dessa forma, passa a ser natural a exploração dos usos de I.A. no campo da manutenção pautada no questionamento de como a I.A. poderia auxiliar na programação dos serviços de manutenção. Portanto, neste artigo, apresenta-se um software inovador baseado em I.A. que utiliza técnicas avançadas de programação linear para gerar cronogramas de manutenção industrial otimizados. Os resultados obtidos, por sua vez, são confrontados com programações reais de 3 plantas distintas como forma de verificar se a solução condiz com a realidade dos centros de manutenção estudados.

1.1 OBJETIVOS GERAIS

A rotina da manutenção industrial envolve grandes processos de manipulação de dados e pessoas. Tudo isso gera uma quantidade de informação e possibilidades de execução extremamente grandes, tornando impossível que as formas convencionais de gestão dos recursos possam utilizá-las da forma mais eficiente.

Com isso em mente, este artigo tem como objetivo geral a criação de um software. capaz de gerar um cronograma de manutenção a partir da avaliação das possibilidades de programação das ordens de manutenção e da minimização de recursos ociosos por meio de técnicas de I.A. A partir do cumprimento desse objetivo, espera-se que a ferramenta proposta se torne essencial para a rotina de plantas industriais de médio e grande porte.

1.2 OBJETIVOS ESPECÍFICOS

Dentre os objetivos específicos, destacam-se:

• realizar a modelagem de dados oriundos da rotina da manutenção de grandes empresas: devido à rotina da manutenção industrial, presente principalmente em grandes empresas, é comum a geração de padrões de dados bem diversificados devido a grande quantidade de pessoas envolvidas. Contudo, para se fazer uso de uma IA, é necessário a padronização e estruturação dos dados. Dessa forma, é preciso definir as informações mínimas e estabelecer uma lógica para extração e conversão dos dados para um padrão pré-definido que tenha como característica uma fácil manipulação e verificação.

• automatizar processos da rotina de manutenção: grande parte das informações importantes para a I.A. dependem de um longo processo manual de manipulação de dados. Assim é importante a automatização de vários desses processos para que o uso da ferramenta seja viável.

• desenvolver uma ferramenta baseada no uso de I.A. capaz de gerar cronogramas de manutenção otimizados a partir da minimização da ociosidade de recursos: produzir um cronograma de manutenção industrial é muito complexo por ser um processo manual que envolve a verificação de muitas condições. Isso torna o uso de uma I.A. para a criação do cronograma extremamente interessante, sob a perspectiva da sua capacidade de processar uma quantidade de dados muito maior e de forma mais rápida do que uma pessoa.

• validar a ferramenta em campo, verificando a performance dos resultados obtidos frente aos resultados do cliente: mesmo desenvolvendo uma ferramenta capaz de gerar cronogramas muito melhores que um ser humano, uma I.A. usará cada espaço disponível para otimizar a utilização de recurso. Desa maneira, se torna importante a verificação da adequação da ferramenta à rotina do cliente.

2 LEVANTAMENTO BIBLIOGRÁFICO

A manutenção industrial desempenha um papel crucial na garantia do bom funcionamento e da confiabilidade das instalações e equipamentos nas indústrias. Com o objetivo de minimizar falhas e maximizar a disponibilidade dos ativos, torna-se essencial a aplicação de práticas eficientes de planejamento, programação e execução das atividades de manutenção.

Autores como Moubray (2010) e Nakajima (1988) têm desenvolvido abordagens completas para a gestão da manutenção industrial, destacando a importância do planejamento, a programação e a execução eficazes das atividades de manutenção. Essas metodologias e frameworks fornecem diretrizes valiosas para melhorar a confiabilidade dos ativos e a eficiência das operações de manutenção em diversas indústrias.

O planejamento abrange a definição das atividades necessárias, a estimativa de recursos requeridos, a priorização das tarefas e o estabelecimento de prazos. A programação, por outro lado, envolve a alocação dos recursos disponíveis e a sequência lógica das atividades, visando otimizar a utilização dos recursos e evitar conflitos de alocação (Palmer, 2013).

A execução, por sua vez, abrange a implementação das atividades planejadas, o monitoramento do progresso, a garantia da qualidade e a documentação dos resultados. Essas etapas são essenciais para assegurar a eficiência e a eficácia das operações de manutenção industrial, resultando em menor tempo de parada de produção, redução de custos e aumento da produtividade (Palmer, 2013).

A grande maioria das indústrias utilizam técnicas tradicionais de programação. Pode-se citar como a mais comum a abordagens baseadas em regras heurísticas. O sequenciamento baseado em regras heurísticas utiliza um conjunto de regras práticas e a experiência do programador para determinar a sequência de execução das tarefas na rotina industrial (Nakajima, 1988).

Essas regras podem levar em consideração fatores como prioridade, dependências entre as tarefas, tempo de execução e restrições de recursos. Embora esse método forneça uma estrutura simples e direta para o sequenciamento das tarefas, ele pode não levar em conta todas as complexidades e restrições do ambiente industrial, além de enfrentar desafios na otimização da utilização de recursos e no balanceamento da carga de trabalho, resultando em uma programação não eficiente (Nakajima, 1988).

Nesse contexto, a contribuição de Palmer (2013) é notável. Richard Palmer propôs uma abordagem inovadora para a criação de cronogramas industriais que leva em consideração a complexidade e as necessidades específicas da rotina industrial. Seu método valoriza a experiência prática e o conhecimento especializado, buscando otimizar a alocação de recursos, a sequência lógica das tarefas e a capacidade de lidar com cenários complexos.

Essa abordagem proposta tem sido aplicada com sucesso em diversas indústrias, demonstrando melhorias significativas na eficiência e na produtividade da programação da rotina industrial. Contudo, a característica manual dessa metodologia possui diversas limitações no que tange à identificação de cenários cujo uso de recursos se mostra otimizado, bem como no tempo de execução da programação (Palmer, 2013; Nakajima, 1988).

Quando se trata de algoritmos de otimização de cronogramas, depara-se com um desafio considerável e complexo. Devido à natureza combinatória do problema, a busca pela solução ótima envolve um grande número de possibilidades. À medida que o número de atividades aumenta, as combinações possíveis crescem exponencialmente, resultando em um aumento significativo da complexidade e do esforço computacional necessários para resolver o problema. Torna-se inviável realizar uma busca por todas as combinações possíveis sem um algoritmo eficiente subjacente, mesmo para máquinas de alta capacidade computacional (Pritsker, 1969; Kreter, 2017).

Portanto, é fundamental empregar algoritmos especializados e técnicas de otimização, como a programação linear ou algoritmos genéticos, que permitem explorar o espaço de soluções de maneira mais eficiente. Elas, por sua vez, são capazes de encontrar soluções aproximadas ou subótimas em um tempo viável, como bem sugere Pinedo (2016).

A programação linear é uma técnica matemática amplamente utilizada para otimização, permitindo modelar o problema de forma precisa e estabelecer restrições e objetivos em um sistema de equações lineares. No entanto, à medida que o tamanho do problema aumenta, a resolução de modelos de programação linear pode se tornar computacionalmente intensiva, exigindo um hardware robusto e um tempo considerável de processamento para encontrar uma solução ótima (Pritsker, 1969; Kreter, 2017).

Por outro lado, os algoritmos genéticos são técnicas inspiradas na evolução biológica, que trabalham com uma população de soluções candidatas e aplicam operadores genéticos, como reprodução, mutação e seleção, para evoluir e buscar soluções melhores ao longo das gerações. Os algoritmos genéticos, entretanto, não garantem a solução ótima e, em uma amostra que apresentam mais indivíduos que representem cronogramas infactíveis do que factíveis, a sua convergência se torna muito lenta (Goldberg, 1989).

No entanto, é importante ressaltar que a otimização de cronogramas continua sendo um problema desafiador, que requer um investimento significativo em termos de hardware e tempo de processamento. Para uma compreensão mais aprofundada dessas abordagens, referências como Pinedo (2016) e Goldberg (1989) podem fornecer insights valiosos sobre a programação linear e os algoritmos genéticos aplicados à otimização de cronogramas.

3 METODOLOGIA

A presente pesquisa se classifica como "Pesquisa Aplicada", conforme a classificação proposta por Mello *et al.* (2012). Esse tipo de pesquisa tem como objetivo principal a geração de conhecimento que possa ser aplicado na solução de problemas práticos e específicos. Já no que tange ao método de procedimento adotado, pode-se classificar este texto como "Pesquisa

Experimental", uma vez que há manipulação de variáveis controladas e a observação de seus efeitos frente a essas observações (Mello *et al.*, 2012).

A pesquisa aplicada é particularmente adequada para essa investigação, uma vez que busca a aplicabilidade direta dos resultados obtidos em um contexto industrial real. A pesquisa seguirá uma abordagem prática e experimental, envolvendo a implementação do software em diferentes cenários industriais e a avaliação de seu desempenho em comparação com abordagens convencionais.

Neste estudo, desenvolveu-se um software inovador para a otimização de cronogramas de manutenção industrial, com o intuito de maximizar a programação de atividades de alta prioridade e minimizar a ociosidade de recursos. No que tange à aplicação, definiu-se certas etapas que pudessem pautar seu desenvolvimento. A Figura 1 ilustra as etapas citadas: levantamento de requisitos e coleta de dados (quadro verde), priorização das ordens de manutenção (quadro azul), modelagem (quadro rosa) e interpretação e validação dos resultados (quadro lilás).

Figura 1. Etapas do desenvolvimento

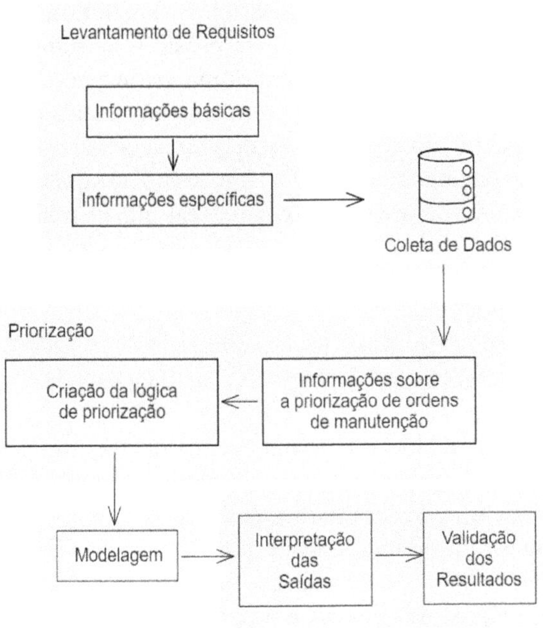

Fonte: Autoral

O início do desenvolvimento se deu por meio do levantamento de informações básicas e específicas sobre a rotina da manutenção de algumas empresas de médio e grande porte. Dessa maneira, foi possível entender as principais dificuldades durante a etapa de programação de um cronograma para que, assim, a ferramenta proposta pudesse atuar justamente nessas demandas. A partir desse entendimento, deu-se início à coleta dos dados críticos, tais como duração e recursos necessários para cada ordem de manutenção.

A partir da coleta de dados, se fez necessária a priorização das ordens disponíveis durante a etapa de desenvolvimento. Essa etapa é de grande importância para garantir que os resultados obtidos pela I.A. proposta, denominada iOptimum, sejam condizentes com a realidade da planta industrial. Para tanto, foram definidas estratégias capazes de evidenciar ordens de alta importância, como, por exemplo, ordens com alto impacto na segurança e no meio ambiente.

Feita a priorização, pôde-se dar início à etapa de modelagem, responsável por escolher as ordens de alta prioridade, bem como os momentos de suas respectivas execuções, de maneira que o tempo ocioso na rotina da manutenção pudesse ser minimizado. É nessa etapa em que o modelo de otimização é escolhido dentre o leque existente na literatura.

Após a etapa de modelagem, foi possível consultar o cronograma otimizado. Contudo, foi importante criar uma estratégia de interpretação e validação dos resultados uma vez que, normalmente, a saída de um modelo de otimização não possui uma correspondência direta com o formado padrão de um cronograma de manutenção. Por fim, esses resultados puderam ser comparados com uma programação semanal real afim de validar os resultados obtidos.

4 DESENVOLVIMENTO

4.1 COLETA DE DADOS E LEVANTAMENTO DE REQUISITOS

A coleta de dados e o levantamento de requisitos foram etapas fundamentais para o desenvolvimento do software proposto. Inicialmente, realizou-se o levantamento das informações básicas necessárias para a criação dos cronogramas. Essas informações incluíam a duração estimada das atividades, bem como seus recursos necessários para a execução, o sequenciamento lógico das tarefas, a capacidade de recursos disponíveis, o turno de trabalho e o horizonte temporal do cronograma, geralmente definido como uma semana (segunda a sexta-feira). Esses dados foram levantados por meio de pesquisas sobre as metodologias clássicas e modernas de construção de cronogramas.

Em seguida, foi realizado o levantamento das informações específicas da rotina de cada cliente e suas particularidades. Cada indústria apresenta características distintas, seja devido à configuração física da planta, à metodologia de planejamento, à programação e execução adotadas ou a questões organizacionais. Essas informações foram obtidas por meio de visitas às instalações industriais, reuniões com os responsáveis pela manutenção e pela análise de processos internos. Essa etapa foi crucial para compreender a necessidade de adaptar a ferramenta em desenvolvimento de forma prática às necessidades específicas da indústria.

Por fim, tratando-se do armazenamento e disponibilização das informações supracitadas, observou-se que a maioria das indústrias utiliza um software de gestão de ativos chamado SAP para armazenar e gerir seus dados. Nesse contexto, as informações básicas necessárias para a modelagem e otimização dos cronogramas são geralmente disponibilizadas em uma planilha padronizada conhecida como IW49-N. A utilização desse padrão facilita a integração dos dados coletados, permitindo uma modelagem mais precisa e eficiente para a posterior otimização dos cronogramas de manutenção.

A coleta de dados e o levantamento de requisitos desempenharam um papel crucial no desenvolvimento do software, garantindo que as informações necessárias para a criação de cronogramas otimizados fossem adequadamente capturadas e consideradas. Essa abordagem permitiu uma personalização do software de acordo com as particularidades de cada indústria, contribuindo para a eficácia e eficiência das otimizações realizadas.

4.2 PRIORIZAÇÃO

Após o entendimento dos requisitos para criação de um cronograma de manutenção e a coleta de dados, deu-se início à etapa de priorização do cronograma. Essa etapa é de suma importância para a geração de resultados condizentes com o setor da manutenção, uma vez que ela tem como objetivo indicar para o iOptimum quais ordens possuem mais importância durante a programação.

Para tanto, foi necessário o levantamento de informações sobre como a priorização de ordens de serviço é realizada na rotina da manutenção. Assim, como supracitado na Seção de 4.1, os critérios para a criação da lógica de priorização foram levantados por meio de visitas às empresas de médio e grande porte com grandes centros de manutenção.

Dentre esses critérios, destacam-se a classificação das ordens de manutenção quanto aos impactos à segurança da fábrica ou ao meio ambiente ou, até mesmo, quanto à influência na produtividade da planta industrial. Dessa maneira, foi possível sugerir ao iOptimum que, por exemplo, ordens cujo impacto na segurança devam ser escolhidas em detrimento àquelas de baixo risco. Um outro destaque se deu às ordens de manutenção (O.M.) preventivas cujas datas de vencimento estão próximas, evidenciando-as para que fossem escolhidas em detrimento às ordens com vencimentos distantes.

Por fim, após o levantamento desses critérios, se fez necessário modelá-los de forma que o modelo de otimização, posteriormente desenvolvido, pudesse acessá-los e levá-los em consideração no momento de geração do cronograma otimizado. Para tanto, um sistema de pontuação foi desenvolvido, responsável por atribuir uma importância maior à certas ordens (pontuação alta), como por exemplo ordens de alto risco humano, em prejuízo às demais (pontuação baixa).

Além da sua importância para o iOptimum, uma vez que a etapa de priorização se pauta em critérios reais e específicos para cada setor da planta industrial, levando em consideração todas as nuances da metodologia de programação adotada, percebeu-se que o cronograma ordenado com base na estratégia adotada já é de grande ajuda para a rotina da manutenção. Dessa maneira, como a etapa de priorização é comumente feita na maior parte dos centros de manutenção, sua automatização se torna responsável por uma diminuição significativa do tempo de programação, além de evitar falhas humanas oriundas da ordenação manual.

4.3 MODELAGEM

A etapa de modelagem se refere à criação de um modelo de otimização capaz de gerar um cronograma de manutenção a partir dos dados e informações coletadas. Por sua vez, esse modelo possui a responsabilidade de escolher quais ordens deverão ser alocadas, além de quando deverão ser executadas, a fim de minimizar os recursos ociosos voltados para a manutenção da planta.

Em relação aos modelos de otimização, muitas são as possibilidades, como discutido na Seção 2. A partir do entendimento do problema em pauta e de uma extensa análise dos dados disponíveis, optou-se pela utilização dos modelos de programação linear como ferramenta de otimização. Com isso, devido à facilidade do entendimento matemático do modelo quando comparado aos demais, um leque de possibilidades surgiu para garantir a convergência e a correspondência dos resultados frente à realidade da manutenção.

Por fim, inspirado na formulação binária proposta por Pritsker (1969) e Kreter (2017), foi desenvolvido um modelo de programação linear capaz de atingir as premissas citadas e alcançar o resultado almejado. Para tal, criaram-se variáveis de controle representadas por x_jt=1 caso a ordem de manutenção j seja alocada para se iniciar no instante t, caso contrário x_jt=0.

Para a atuação de um modelo de programação linear, se faz necessária a determinação de uma função objetivo, bem como de restrições responsáveis por modelar o problema. Para a aplicação discutida por este artigo, optou-se por usar uma função objetivo que maximize o número de ordens de alta prioridade para um determinado intervalo de tempo, pré-definido.

A partir dessas definições, o modelo passa atuar por meio da maximização da função objetivo definida pela Equação 1, onde J é o conjunto de atividades do cronograma e T é todo o horizonte temporal para sua construção, sendo x_jt a variável de controle binária descrita na Função 5. As restrições são definidas pelas equações 2, 3 e 4, conforme proposto por Pritsker (1969).

$$\sum_{j \in J} \sum_{t \in \mathcal{T}} x_{(j,t)} \tag{1}$$

$$\sum_{t \in \mathcal{T}} x_{(j,t)} \leq 1 \quad \forall j \in J \tag{2}$$

$$\sum_{j \in J} \sum_{t_2 = t - p_j + 1}^{t} u_{(j,r)} x_{(j,t_2)} \leq C_r \quad \forall t \in \mathcal{T}, r \in R \tag{3}$$

$$\sum_{t \in \mathcal{T}} t \cdot x_{(s,t)} - \sum_{t \in \mathcal{T}} t \cdot x_{(j,t)} \geq p_j \quad \forall (j,s) \in S \tag{4}$$

$$x_{(j,t)} \in \{0,1\} \quad \forall j \in J, t \in \mathcal{T} \tag{5}$$

A Equação 2 garante que cada atividade do cronograma tenha no máximo um início em todo o horizonte T do cronograma. Dessa forma, é possível permitir que o otimizador possa escolher diante de um volume muito alto de atividades, quais são as melhores para construção do cronograma.

A Equação 3 garante a alocação adequada dos recursos disponíveis e o cumprimento das restrições de capacidade. Nessa formulação, o conjunto J representa todas as atividades possíveis, enquanto o conjunto R representa todos os recursos disponíveis. A variável p_j representa a duração da atividade j, ou seja, o tempo necessário para sua execução. A variável u(j,r) indica a quantidade de recurso r necessária para executar a atividade j. O somatório que abrange todas as atividades j e os períodos t_2 adequados, determina se a capacidade de recursos C_r é respeitada para cada recurso r em um determinado período t.

A modelagem do problema também incorpora a Equação 4 que avalia a relação de predecessora e sucessora entre atividades. Essa equação é definida como a diferença entre a soma dos produtos entre os períodos t e a variável x_((s,t)), que indica se a atividade s (sucessora) está programada para o período t, e a soma dos produtos entre os períodos t e a variável x_((j,t)), que indica se a atividade j (predecessora) está programada para o período t. Essa diferença deve ser maior ou igual à duração p_j da atividade j. A restrição é aplicada a todas as combinações (j,s) pertencentes ao conjunto S, que representa as atividades relacionadas.

4.4 INTERPRETAÇÃO E VALIDAÇÃO DOS RESULTADOS

Após a etapa de modelagem e atuação do iOptimum, foi necessário definir uma estratégia para interpretar e validar os resultados obtidos. Isso decorre do fato de que, normalmente, a saída de um modelo de otimização não possui uma correspondência direta com o formato típico de um cronograma de manutenção, associando cada O.M. com uma data inicial e final para sua execução dentro do intervalo definido para a manutenção.

Após essa adaptação, alguns gráficos e diagramas foram desenvolvidos como forma de facilitar a validação dos resultados. Dentre essas ferramentas, destaca-se a distribuição de recursos ao longo do tempo de manutenção. Esse gráfico, que associa o uso de um recurso ao tempo de programação, é de suma importância para entender se, de fato, o iOptimum foi capaz de diminuir o tempo ocioso dos recursos disponíveis.

Por fim, no que tange à validação dos resultados, foram escolhidos dados de quatro empresas de grande e médio porte, que aqui serão denominadas como plantas 1, 2, 3 e 4 por questões de privacidade. Dentre elas, três resultados foram validados a partir de uma programação real (plantas 1, 2 e 3), criada por meio dos métodos empíricos de cada uma das plantas. O último resultado, por sua vez, foi confrontado frente a um método de auto nivelamento baseado na metodologia proposta por Palmer (2013) (planta 4).

5 RESULTADOS E CONCLUSÕES

Dentre os resultados obtidos, como comentado na Seção 4.4, a programação otimizada pelo iOptimum a partir dos dados da planta 4 foram confrontados com uma programação criada por meio da metodologia de auto nivelamento. De forma geral, para um backlog com 5000 ordens, em média, a I.A. proposta por esse artigo alocou cerca de 600 ordens em detrimento de 350 alocadas pelo algoritmo de auto nivelamento.

Além do número maior de ordens alocadas para um mesmo intervalo de tempo, os resultados obtidos pelo iOptimum possuem uma melhor distribuição dos recursos quando comparados ao cronograma auto nivelado. As figuras 2 e 3 ilustram os gráficos de distribuição oriundos do iOptimum e do auto nivelamento, respectivamente, supracitados para para os dois primeiros dias da semana de um recurso específico presente no backlog da planta 4. Além disso, a Figura 4 indica os gráficos de Gantt comparando a programação feita por ambos os métodos.

Figura 2. Gráfico de distribuição de recurso do iOptimum

Fonte: Autoral

Figura 3. Gráfico de distribuição de recurso do auto nivelamento

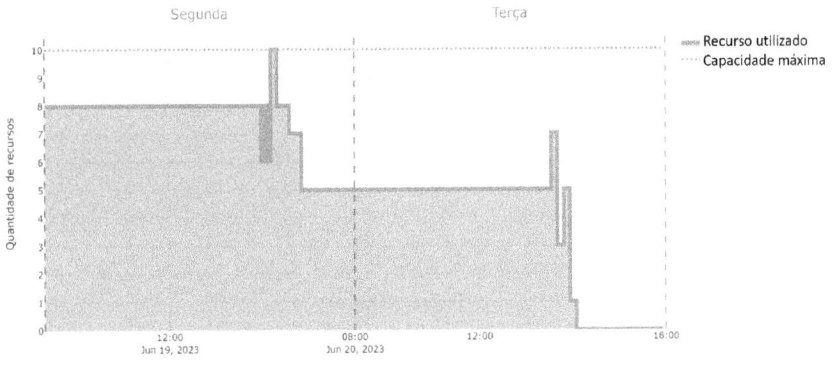

Fonte: Autoral

Figura 4. Gráfico de Gantt das programações geradas

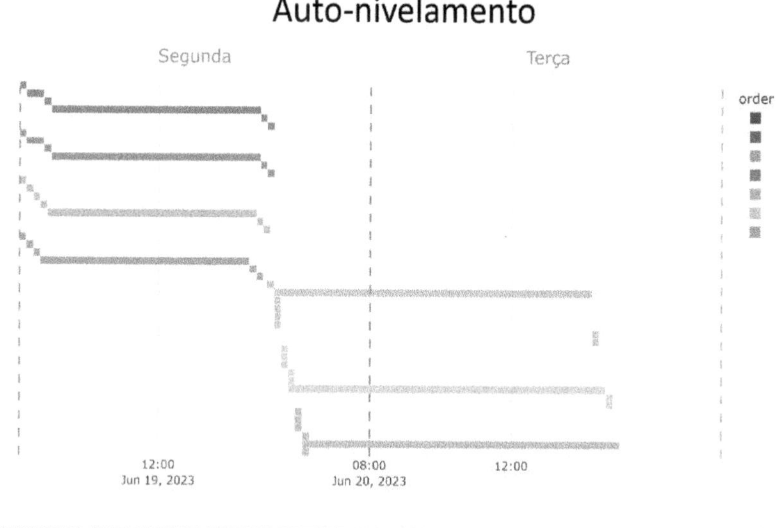

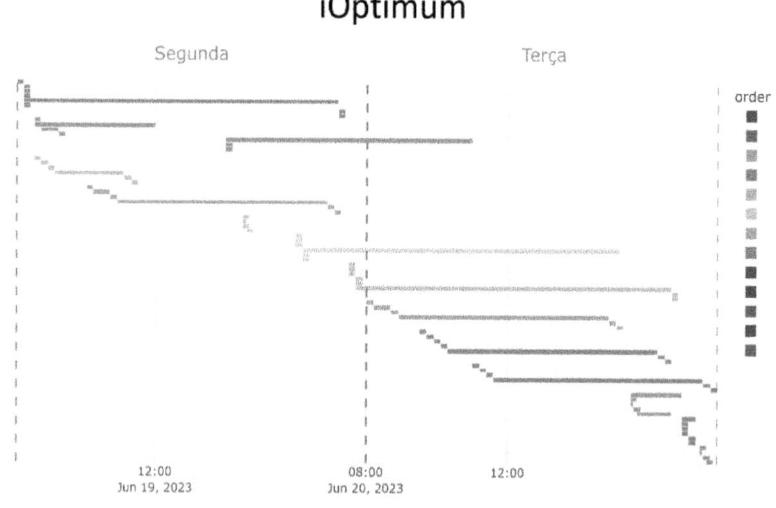

Fonte: Autoral

Essa distribuição mais comportada, por sua vez, decorre da diferença de objetivo entre as metodologias. Enquanto o auto nivelamento tenta alocar as ordens nos momentos em que há recurso disponível, seguindo a ordenação informada, o iOptimum testa diversos cenários possíveis à procura de minimizar a ociosidade no uso de recursos.

Essa diferença de comportamentos pode ser visualizada na Figura 4, em que é visto o auto nivelamento alocando diversas ordens no tempo inicial do cronograma e depois alocando no primeiro ponto possível seguindo a linha de tempo. Com isso, esse fato se traduz no menor número de lacunas na Figura 2 do que na Figura 1.

Além da validação dos resultados frente ao algoritmo de auto nivelamento, também se verificou os resultados do iOptimum frente às programações reais, realizadas pelos próprios centros de manutenção das plantas 1, 2 e 3. A Tabela 1 ilustra as comparações entre os números de ordens programadas, além do número de ordens de alta prioridade presente do cronograma final.

Tabela 1. Resultados comparativos

	Número de ordens programadas		Número de ordens de alta prioridade programadas	
	iOptimum	Planta	iOptimum	Planta
Planta 1	142	84	29	13
Planta 2	72	42	37	19
Planta 3	87	41	14	10

Fonte: Autoral

Assim como indicado na discussão das figuras 2, 3 e 4, o número total do ordens programadas pelo iOptimum se mostrou superior ao que fora programado pelos centros de manutenção das plantas estudadas, chegando a um ganho de 112,19% para o cronograma da Planta 3. Esse fato, por sua vez, vem diretamente da forma na qual a programação do cronograma de manutenção é normalmente feita nas indústrias atuais, baseada na metodologia do Palmer.

Ainda sobre a Tabela 1, pode-se observar uma melhora significativa da alocação de ordens de alta prioridade em todas as plantas estudadas. Em relação a essa exposição, é importante ressaltar que se utilizou os mesmos critérios de priorização de cada planta para gerar os resultados apresentados.

Esse resultado, por sua vez, é justificado pelo fato de que o modelo de otimização do iOptimum, por testar distintos cenários, consegue identificar lacunas no horizonte de eventos para essas ordens com mais facilidade. Por outro lado, as metodologias empíricas dos centros de manutenção, que dependem exclusivamente da capacidade de análise do profissional responsável, possuem uma maior limitação quanto a essa identificação.

A Figura 5, por sua vez, ilustra os ganhos do iOptimum em relação à metodologia empírica dos centros de trabalho estudados. Como se pode observar, a ferramenta de otimização não apresenta ganhos constantes no que tange ao número de ordens alocadas, embora sempre positivos. Esse resultado surge das diferentes maturidades de planejamento de cada indústria; como toda solução baseada em dados, o iOptimum está sujeito à qualidade dos dados disponibilizados. Além desse fato, pode-se destacar, também, as diferenças entre os setores de atuação e os critérios de priorização de cada planta.

Figura 5. Ganhos percentuais

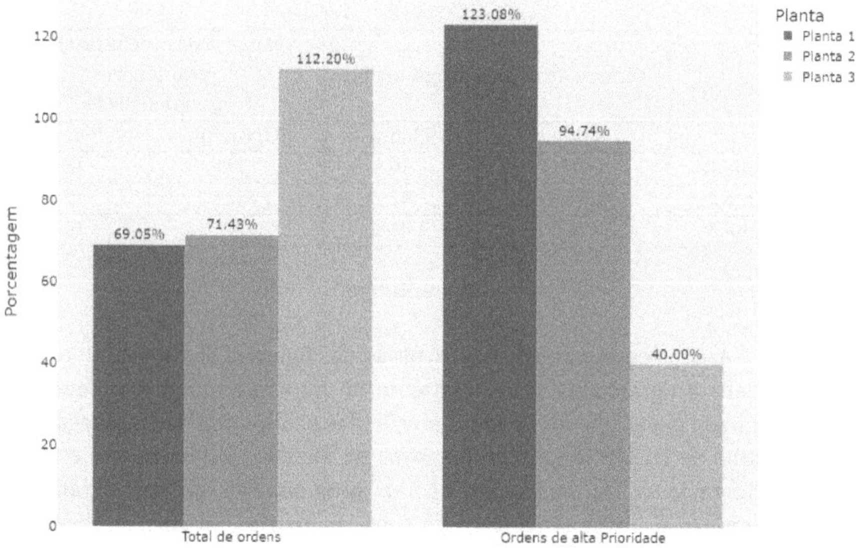

Fonte: Autoral

Além dos resultados expostos, pode-se citar uma vantagem relacionada ao tempo de programação. Após alinhamento com as empresas citadas neste artigo, identificou-se que o tempo para a programação de um cronograma leva cerca de 2 dias. O iOptimum, por sua vez, para essas mesmas empresas, demandou em média 10 minutos de execução para cronogramas com aproximadamente 1500 ordens prontas para programar.

Esse resultado, embora secundário, é de extrema valia por possibilitar que o profissional incumbido da responsabilidade de programar a manutenção dos centros de trabalho possa destinar seu tempo útil às tarefas mais criativas e menos mecânicas. Com isso, cria-se uma flexibilidade maior na rotina na manutenção por permitir que a planta adéque suas programações de acordo com possíveis eventualidades, gerando uma nova programação em pouco tempo.

À luz dos fatos expostos, verifica-se um ganho muito significativo no uso da ferramenta exposta neste texto, não só no que tange ao número de ordens programadas, mas também à priorização das ordens de serviço, à distribuição no uso de recursos e ao tempo necessário para a geração de um cronograma de manutenção otimizado. Portanto, o iOptimum sugere ser uma ferramenta de grande ajuda na rotina da manutenção.

5 CONCLUSÃO

Durante a execução do trabalho descrito por este texto, alguns objetivos foram definidos para pautar o desenvolvimento do software proposto. Primeiramente, propôs-se a modelagem dos dados industriais oriundos do backlog de manutenção para o uso posterior em ferramentas computacionais. Esse objetivo, por sua vez, foi cumprido durante as etapas descritas pelas seções 4.1 e 4.2, que caracterizaram a preparação dos dados para o modelo criado.

Além do objetivo supracitado, a Seção 4.2, em conjunto à Seção 4.4, foi responsável pela automatização de um dos processos da rotina da manutenção mais críticos: a priorização. Essa etapa levou em consideração diversas nuances da rotina de cada cliente e, assim, pôde cumprir com o segundo objetivo específico levantado.

No que tange ao terceiro objetivo, referente ao desenvolvimento de uma I.A. capaz de gerar cronogramas de manutenção otimizados, a Seção 4.3 foi responsável pelo seu cumprimento. À partir da criação do modelo de otimização, foi possível obter ganhos expressivos no número total de ordens e de ordens de alta prioridade programadas. Esses resultados, por sua vez, puderam ser discutidos na Seção 5.

Por fim, ainda sobre a Seção 5, ela também foi a responsável por cumprir com o objetivo de validar a ferramenta em campo. No total, três programações reais, criadas pelas equipes de manutenção de três plantas industriais de diferentes frentes de atuação foram usadas para a validação. Dentre os resultados, foi possível verificar ganhos de até 112% no número total de ordens alocadas e 123% no número de ordens de alta prioridade.

Portanto, ao cumprir com todos os objetivos específicos, atingiu-se o objetivo geral de criar uma I.A. capaz de identificar todas as possibilidades e escolher a melhor combinação para uma programação otimizada e, dessa forma, auxiliar a rotina da manutenção industrial. Contudo, mesmo que os ganhos com um modelo de programação linear tenham sido muito expressivos, ainda há margem para aprofundar o estudo discutido.

Dentre as sugestões de continuidade para esse trabalho, evidencia-se testes com outros modelos de otimização, como o alg. genético, discutido na Seção de 2. A mudança de escolha de modelagem pode resultar em cronogramas com características distintas das apresentadas aqui, uma vez que toda a modelagem dos dados, normalmente, deve ser refeita. Assim sendo, acredita-se que essa evolução possa contribuir para o entendimento do uso de I.A. na geração de cronogramas de manutenção.

6 AGRADECIMENTOS

Aos distinguidos colegas do time de Inteligência Artificial da IndustriALL, gostaríamos de expressar nossos mais sinceros agradecimentos pelo apoio e colaboração na produção deste artigo. Toda a contribuição e incentivo ao longo do processo de pesquisa, desenvolvimento do software e redação do texto foi essencial para o sucesso alcançado. O resultado é fruto de um esforço coletivo.

Também gostaríamos de agradecer encarecidamente à própria IndustriALL por proporcionar um ambiente que nos possibilita crescer profissionalmente de maneira confortável e descontraída. Além disso, também agradecemos ao professor Herbert Viana, da Universidade Federal de Rio Grande no Norte, por toda confiança posta no trabalho desenvolvido e por toda orientação durante a escrita deste artigo.

REFERÊNCIAS

AHMED, Nur; MUNTASIR; THOMPSON, Neil. 2023. The growing influence of industry in ai research. **Science** 379 (6635): 884–886, 2023.

GOLDBERG, D. E. **Genetic algorithms in search, optimization, and machine learning**. Reading, MA: Addison-Wesley, 1989.

KRETER, Stefan. Using constraint programming for solving RCPSP/max-cal. In: **International Conference on Project Management**. 2017. Springer Science+Business Media New York.

MELLO, C. H. P.; TURRIONI, J. B.; XAVIER, A. F.; CAMPOS, D. F. **Pesquisa-ação na engenharia de produção**: proposta de estruturação para sua condução. Production 22:1–13, 2012.

MOUBRAY, John. **Reliability centered maintenance**. New York: Industrial Press Inc, 2010.

NAKAJIMA, Seiichi. **Introduction to tpm**: total productive maintenance. Portland, OR: Productivity Press, 1988.

PALMER, Richard. **Maintenance planning and scheduling handbook**. McGraw-Hill Education, 2013.

PINEDO, M. L. **Scheduling**: theory, algorithms, and systems. New York, NY: Springer.
12, 2016.

PRITSKER, A. Alan B. Multiproject Scheduling with Limited Resources: A Zero-One Programming Approach. **Operations Research**, v. 24, n. 2, 1969.

CAPÍTULO 8

ESTIMATIVA DE PARÂMETROS PARA MÉTODOS DE ELEMENTOS DISCRETOS (DEM) NA SIMULAÇÃO DE FLUXO DE MINÉRIO DE FERRO APLICADAS EM EQUIPAMENTOS DE BENEFICIAMENTO MINERAL

José Cléber Rodrigues da Silva
Doutorando em Engenharia Mecânica pela Universidade Federal do Rio Grande do Sul - UFRGS. Mestre em Engenharia Mecânica pela Universidade Federal do Rio Grande - FURG. Especialista em Simulação Computacional pelo Instituto ESSS - IESSS. Especialista em Engenharia da Manutenção pela Universidade Federal de Ouro Preto - UFOP. Graduado em Engenharia Mecânica pela Universidade Federal de Campina Grande - UFCG. Técnico de Telecomunicações pela Escola Técnica Redentorista - ETER. Coordenador de Engenharia de Confiabilidade na Vale S/A Unidade Carajás – PA.
E-mail: jcleberrsilva@gamail.com.

Rogério José Marczak
Pós-Doutor em Engenharia Mecânica pela Rutgers, the State University of New Jersey, Rutgers – CL. Doutor em Engenharia Civil pela Universidade Federal do Rio Grande do Sul - UFRGS. Mestre em Engenharia Mecânica pela Universidade Federal de Santa Catarina – UFSC. Engenheiro Mecânico pela Universidade Federal de Santa Catarina – UFSC. Professor Titular do Departamento. Engenharia Mecânica da Universidade Federal do Rio Grande do Sul – UFRGS. Área: Engenharia Mecânica / Subárea: Mecânica dos Sólidos/Especialidade: Mecânica dos Corpos Sólidos, Elásticos e Plásticos, Métodos Computacionais. Editor associado da Latin American Journal of Solids & Structures.
E-mail: rato@mecanica.ufrgs.br.

1 INTRODUÇÃO

A modelagem de DEM (do inglês Discrete Element Method) é uma técnica de simulação numérica que tem sido cada vez mais utilizada na indústria e na engenharia para prever o comportamento de materiais granulares em diversas aplicações, incluindo o processamento mineral. O Método dos Elementos Discretos, inicialmente proposto por Cundall e Strack (1979) é uma metodologia utilizada na análise do comportamento dos materiais granulares que segue uma abordagem numérica baseada neste método, as forças envolvidas na dinâmica de partículas são modeladas e incluídas nas equações do movimento de uma partícula originando um sistema de equações diferenciais ordinárias acopladas que são resolvidas explicitamente ao longo tempo (Carvalho *et al.*, 2022).

Ainda segundo Carvalho *et al.* (2022), partículas de várias formas e tamanhos tais como, minérios com granulometria grosseira ou até mesmo grãos alimentícios e pós farmacêuticos, têm grande relevância em diferentes tipos de indústrias. No trabalho pioneiro sobre DEM, Cundall e Strack (1979), propuseram que duas partículas em contato se sobrepõem ligeiramente. Eles propuseram forças repulsivas em relação a distância da sobreposição entre as partículas. Os fundamentos da modelagem conceituados por esses autores vêm sendo largamente aceitos pela comunidade científica e as leis de contato da esfera semirrígida estão sendo aprimoradas por vários autores desde a sua concepção.

O aumento dos recursos computacionais, favoreceu o crescente aumento do uso das simulações de DEM que se tornaram mais populares, tanto na indústria quanto nas academias e centros de pesquisas, dando lugar ao surgimento de softwares comerciais tais como, o EDEM (Altair®), Rocky DEM (ESSS®), Bulk Flow Analyst (Overland Conveyor®) e vários softwares livres tais como, o LIGGTHS, aplicado por Jahani *et al.* (2015), Kratos Multiphysics (CIMNE - International Center for Numerical Methods in Engineering), YadeDEM, entre outros. As simulações com a abordagem em DEM de partículas semirrígidas usando milhares de partículas provaram que conseguem modelar de forma coerente e eficiente o comportamento de materiais granulados e particulados (Carvalho *et al.*, 2022).

Os materiais granulares são caracterizados por propriedades complexas e variáveis, tais como tamanho, forma, dureza e fricção, que influenciam diretamente o comportamento desses materiais durante o processamento. Portanto, a calibração dos parâmetros do DEM é uma etapa fundamental nos estudos de simulação de DEM para garantir a precisão da simulação e consequentemente, a tomada de decisão no projeto e operação de processos de beneficiamento de minério de ferro. Os principais parâmetros de

DEM que afetam a simulação de minério de ferro incluem força de interação entre as partículas, atrito estático e dinâmico e módulos de elasticidade.

A calibração adequada do conjunto de parâmetros que define a força de interação entre as partículas é influenciada pela geometria e propriedades das superfícies das partículas. Diversos autores têm evidenciado que a seleção de parâmetros de força de contato deve ser feita levando em conta a distribuição de tamanho de partículas e sua forma, além de considerar o coeficiente de atrito estático e dinâmico em diferentes condições de pressão (Delaney *et al.*, 2019; Zhao *et al.*, 2020).

Por outro lado, em relação ao módulo de elasticidade dos contatos, que é uma medida da rigidez da interação entre as partículas, é importante ajustá-lo adequadamente com base nas características do material granular, conforme salientado por diversos trabalhos de (Kiani *et al.*, 2017; Li *et al.*, 2018). O atrito é outro fator importante na simulação de minério de ferro usando o DEM, podendo afetar a estabilidade da pilha, taxa de fluxo e eficiência de processo. Um coeficiente de atrito adequado depende da superfície de contato, que pode ser afetada pela rugosidade, umidade e outros fatores ambientais (Li *et al.*, 2018; Zhao *et al.*, 2020). Portanto, é importante caracterizar a influência desses parâmetros em diferentes condições operacionais.

O módulo de elasticidade é a medida da rigidez do material granular, outro fator importante na previsão de deformações sob diferentes condições de carga. Por exemplo, Kiani *et al.* (2017) destacaram a importância de ajustar o módulo de elasticidade para simular a compactação do minério de ferro durante o transporte em correias transportadoras. Tanto a densidade quanto a umidade do material afetam o módulo de elasticidade, e é importante caracterizar essas propriedades para garantir uma calibração precisa dos parâmetros.

Para calibrar os parâmetros do DEM, vários métodos são usados, incluindo ensaios de compressão triaxial, análise de imagem de partículas, medição de densidade e umidade, entre outros. Delaney *et al.* (2019) realizaram ensaios de compressão triaxial em partículas de minério de ferro para caracterizar a força de contato entre as partículas, e ajustaram a força de contato usando um modelo de retro propagação neural. Li *et al.* (2018) combinaram ensaios laboratoriais com simulações de DEM para otimizar os parâmetros de atrito e módulo de elasticidade.

Desta forma, para garantir a confiabilidade e eficiência da simulação e consequentemente dos protótipos dos projetos dos equipamentos de manuseio e transporte de graneis, é fundamental realizar o levantamento e calibração adequadas dos parâmetros de DEM que possam reproduzir o mais próximo possível as condições reais do escoamento.

Neste estudo, foi adotada a metodologia utilizada por Calderón *et al.* (2021), que consiste em aplicar uma estimativa dos ângulos de repouso para o minério de ferro (Sínter Feed e ROM (Rom of Mine), com misturas (Blends) de 60% de Canga Hematínica e 40% de Hematita Friável e variação de umidade entre 9 a 12%, as amostras caracterizadas variaram em percentuais de Jaspelito sílica, alumina e Mn. Foi realizado uma comparação entre os ângulos de repouso estático de fluxo e escoamento granular em modelos de DEM com o escoamento Real em pilhas de minério nos pátios, chutes, peneiras e ensaios granular em laboratório na VALE Carajás. Para as simulações de DEM, tanto para a calibração quanto nos estudos citados neste artigo, foram utilizamos os softwares Rocky-DEM® e EDEM™.

O ângulo de repouso estáticos é o maior ângulo que uma pilha ou talude de minério do monte de um determinado material granular faz com o plano horizontal sem ocorrer deslizamento, à medida que mais material é adicionado a pilha. Góes Filho (2008), afirma que o ângulo de repouso para o minério de ferro varia entre 30° a 50°.

Para o minério de ferro do complexo mineral de Carajás, ao qual as variações de teores e composição de blends de canga/hematita e aumento do teor de umidade, provocado pela sazonalidade das chuvas e dinâmica das minas, os ângulos de repouso podem variar de 38° a 70°, valores estes encontrados nos ensaios de laboratório.

Para a calibração dos parâmetros nas simulações de DEM, o mesmo procedimento do experimento de laboratório foi replicado. No final de cada simulação, os ângulos de repouso foram medidos. Finalmente, estes resultados foram comparados com os obtidos no teste de escoamento granular.

2 MÉTODO DOS ELEMENTOS DISCRETOS

O Método dos elementos discretos DEM é uma técnica numérica que calcula a translação e rotação de cada partícula dentro de um determinado domínio em um pequeno intervalo de tempo (passo de tempo), usando um esquema de integração temporal. Nesse conceito percebe-se a semelhança com as caraterísticas de um meio granular que tem seu comportamento governado pela interação entre partículas individuais e sua vizinhança (Grima; Wypych, 2011).

Segundo Zhu *et al.* (2008), os dois tipos mais comuns de DEM são os que usam a abordagem da partícula macia e a outra a abordagem da partícula rígida. O conceito do contado macio foi inicialmente desenvolvido por Cundal e Strack (1979), que usa uma interpenetração entre partículas como uma medida da deformação que produz uma força de contato. De acordo com esses autores a abordagem da partícula macia permite trabalhar como múltiplos contatos, enquanto o método da partícula rígida processa apenas uma colisão por vez, e considera a colisão como sendo instantânea.

No DEM o comportamento mecânico do sistema global é descrito pelo movimento de cada partícula e pela força e o momento atuando em cada um dos contatos. A segunda Lei do movimento de Newton, Eq. (1) e Eq. (2), fornecem a relação fundamental para o movimento de translação e rotação das partículas (Potyondy; Cundall, 2004).

O Método dos Elementos Discretos usa uma solução numérica explícita para descrever o movimento individual das partículas de acordo com a interação entre elas (Zhu *et al.*, 2008). Para uma partícula i seu movimento de translação e rotação são respectivamente:

$$m_i \frac{dV_i}{d_t} = \sum_j F_{i,j}^c + \sum_k F_{i,j}^{nc} + F_i^f + F_i^g, \quad (1)$$

$$I_i \frac{d\omega_i}{d_t} = \sum_{j=1}^{k} M_{i,j}, \quad (2)$$

Onde mi e Ii massa e momento de inércia, respectivamente. Vi e ωi são as velocidades de translação e rotação, respectivamente. F_(i,j)^c é a força de contato entre as partículas i e j. F_(i,j)^ncé a força de não contato entre as partículas i e j. F_i^f é a força de interação entre a partícula i e o fluido. F_i^g é a força gravitacional aplicada sobre a partícula i. Por meio de soluções numéricas o método dos elementos discretos modela o comportamento individual de cada partícula e prevê o comportamento em grupo de várias partículas.

2.1 MODELOS DE CONTATO UTILIZADO EM DEM

A figura 1 apresenta a classificação dos modelos de DEM da força de interação entre partículas por força de contato e força sem contato.

Figura 1. Classificação dos modelos de contato de forças entre duas partículas

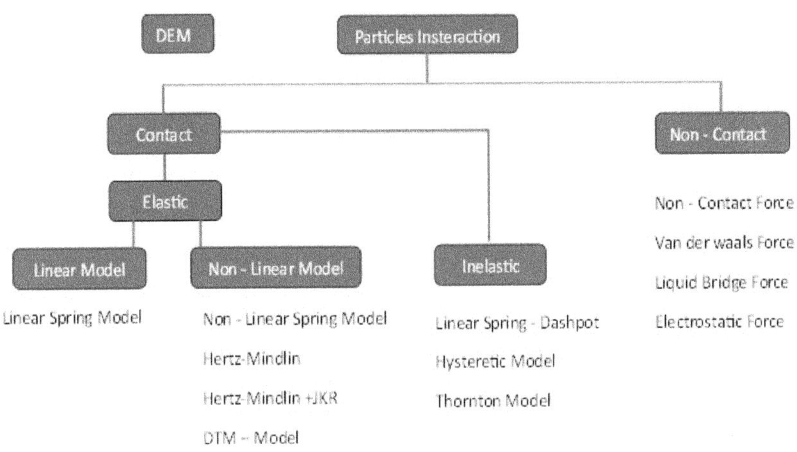

Fonte: Adaptado de Murugesan. 2022

2.2 MODELO DE CONTATO LINEAR

O modelo de contato linear é amplamente utilizado em todo o campo DEM e foi publicado pela primeira vez em por Cundall, (1979). A força normal é uma função linear do deslocamento normal (sobreposição); a força de cisalhamento aumenta linearmente com o deslocamento de cisalhamento relativo, mas é limitada pelo atrito linear de Coulomb. O gráfico da figura 02 apresenta a representação da curva deslocamento versus a força de contato linear. As equações 3 e 4 sãos as equações são as forças normal e tangencial respectivamente.

Figura 2. Gráfico do comportamento do modelo de contato linear elástico entre duas partículas

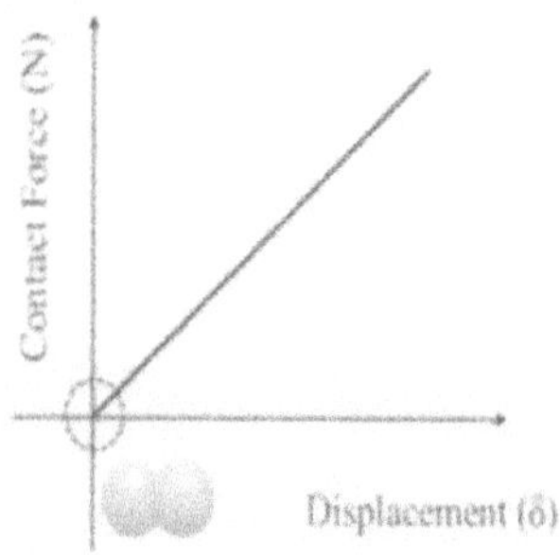

Fonte: Adaptado de Murugesan. 2022

$$F_n = -k_n\delta_n, \quad (3)$$

$$F_t = -k_t\delta_t, \quad (4)$$

Onde:
F_n é a força normal;
k_n é a Coeficiente de atrito Normal;
δ_n é Deslocamento normal;
F_t é a força tangencial;
k_t é a Coeficiente de atrito tangencial;
δ_t é Deslocamento tangencial;

2.3 MODELO DE CONTATO HERTZ-MINDLIN

O algoritmo de contato Hertz-Mindlin tem sido utilizado para simular a queda de micropartículas e, assim, a geração de pacotes aleatórios conforme (Machado *et al.*, 2012). A base por trás do modelo de esfera macia, inicialmente proposto por Cundal e Strack (1979), é permitir que duas partículas se deformem durante a colisão por meio de uma sobreposição. A sobreposição permite o cálculo das forças de atrito, plásticas e elásticas resultantes desta colisão como pode ser visto no esquema da figura 3. O modelo de Hertz-Mindlin descreve a força total sobre cada partícula após a colisão entre a partícula i e a partícula j como segue o post de (Smuts *et al.*, 2012).

Figura 3. Esquema do modelo de contato Hertz-Mindlin entre duas partículas

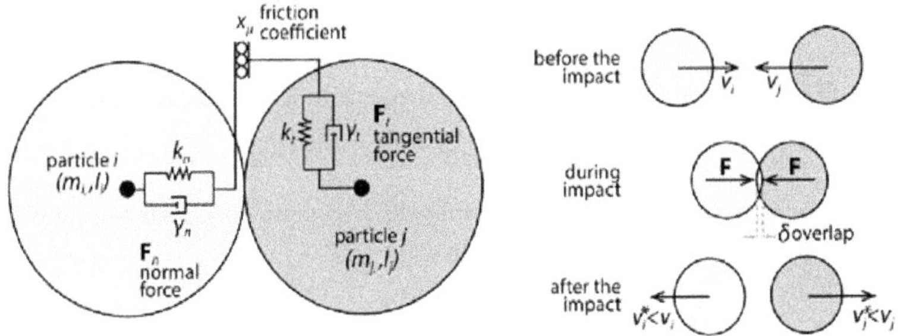

Fonte: Adaptado de Capozzi *et al.* (2019).

Desta forma, temos algumas considerações sobre o modelo de contato Hertz-Mindlin:

1. É um modelo de contato elástico não linear;
2. O contato entre duas partículas na direção normal - Contato de Hertz;
3. Modela o contato entre duas partículas na direção tangencial - Teoria de Mindlin
4. Modelo de Hertz-Mindlin - Apresenta uma complexidade e esforço computacional considerável, comparado ao modelo linear elástico;
5. Possui uma simplificação no modelo pois não modela o escorregamento entre as partículas - Hertz e Mindlin
6. Da a precisão este modelo é muito usado na indústria farmacêutica.

As equações 5 e 6 apresentam o modelo matemático das forças normais e tangenciais.

$$F_n = -\frac{4}{3}E_{eq}\sqrt{R_{eq}}\delta_n{}^{3/2}, \tag{5}$$

$$F_t = 8G_{eq}\sqrt{R_{eq}\delta_n\delta_t}, \tag{6}$$

Onde:
F_n é a força normal;
δ_n é Deslocamento normal;
F_t é a força tangencial;
k_t é a Coeficiente de atrito tangencial;
δ_t é Deslocamento tangencial;

E_eq é o Modulo equivalente de Young;
R_eq é o Modulo equivalente de Raio;
G_eq é o Modulo equivalente de cisalhamento;

O Gráfico da Figura 4 apresenta a curva de força de contato em função do deslocamento.

Figura 4. Gráfico do comportamento do modelo de contato linear elástico entre duas partículas

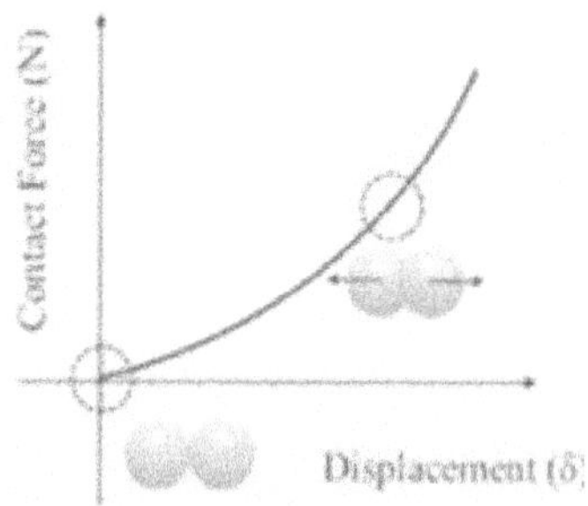

Fonte: Adaptado de Murugesan (2022)

2.4 MODELO DE CONTATO DE HERTZ-MINDLIN + MODELO JKR

Em DEM, O modelo Hertz-Mindlin + JKR descreve essa interação entre as partículas da seguinte maneira:

1. Deformação Elástica (Hertz-Mindlin): Quando as partículas estão próximas umas das outras, elas sofrem uma deformação elástica em suas superfícies de contato. Isso é modelado usando a teoria de Hertz-Mindlin, que relaciona a deformação elástica à força aplicada. A relação geral de Hertz-Mindlin, podem ser vistas nas equações 5 e 6.
2. Força de Adesão (JKR): Além da deformação elástica, o modelo JKR leva em consideração a força de adesão que ocorre devido a atrações intermoleculares nas superfícies de contato. O Modelo do contato de partículas coesivas na teoria adesiva utiliza um equilíbrio entre a energia elástica armazenada e a perda de energia superficial, apresentando uma força oposta devido à força de tração. A equação JKR, pode ser vista na equação 7.

$$F_{JKR} = \frac{4E_{eq}a^3}{3R_{eq}} - \sqrt{8\pi a^3 \Delta\gamma R_{eq}}, \tag{7}$$

Onde:
a é a área de contato;
γ é a energia de superfície;

O Gráfico da Figura 5 apresenta a curva de força de contato em função do deslocamento do modelo de contato Hertz-Mindlin + JKR.

Figura 5. Gráfico do comportamento do modelo de contato linear elástico entre duas partículas

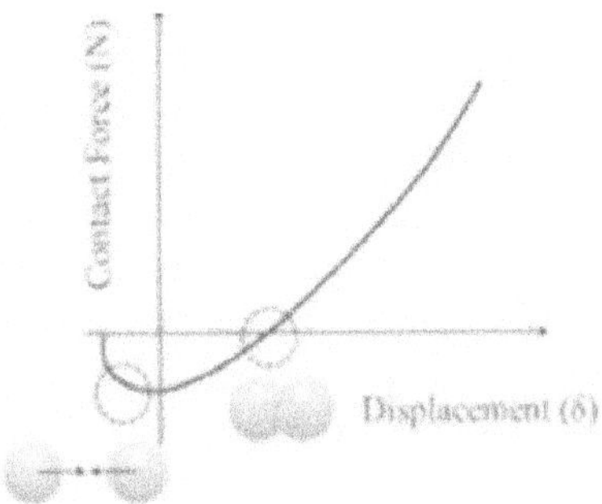

Fonte: Adaptado de Murugesan. 2022

Onde:
F_JKR é a força de adesão,
R_eq é o raio equivalente de curvatura da superfície de contato;
Δγ é a energia superficial adesiva.

A força total entre duas partículas em contato é a soma da força elástica e da força de adesão:

$$F_{total} = F_{elastic} + F_{adesão}, \quad (7)$$

2.5 CALIBRAÇÃO DE PARÂMETROS - MÉTODO DOS ELEMENTOS DISCRETOS

Nasato (2011); Grima e Wypych (2009), expressam que há alguns desafios em transformar uma análise de DEM em uma ferramenta preditiva, que incluem:

1. O desenvolvimento de metodologias eficientes e válidas para quantificar e ajustar os parâmetros de DEM;

2. Validação experimental de modelos em larga escala para verificar e estabelecer técnicas para aplicar DEM a modelagem de materiais granulares;

3. Desenvolvimento de técnicas de scale-up para modelar adequadamente o aumento de escala de equipamentos, sem afetar significativamente a qualidade dos resultados.

Para modelar o comportamento e alcançar um comportamento granular similar ao material particulado real na aplicação desejada, Nasato (2011), afirma que, diversos experimentos em escala piloto podem ser realizados a fim de fazer um ajuste "fino" dos parâmetros de DEM, baseados em parâmetros chaves selecionadas (ex.: distribuição de forma e tamanho de partícula, densidade sólida, rigidez de contato etc.). O objetivo de tais testes de calibração é correlacionar o comportamento físico do material particulado com o comportamento virtual, no que diz respeito ao seu movimento de rolagem, movimento de deslizamento, impacto e restituição e rigidez granular do material, se relevante.

Apenas estimar parâmetros, tais como o coeficiente de restituição, coesão, atrito estático e atrito de rolamento, pode ser arriscado e reduz a confiabilidade na precisão dos resultados se não houver nenhuma verificação experimental (Grima; Wypych, 2009).

O experimento a ser utilizado deve ser simples e de rápida reprodução através da simulação de DEM, a fim de que diversas simulações possam ser feitas deste experimento em um curto período.

Ainda segundo Nasato (2011), o método regularmente adotado na etapa de calibração é de tentativa e erro, e define os passos a serem seguidos, são estes:

1. Medir experimentalmente, ou visualmente um dado comportamento;

2. Criar no software de DEM um modelo que irá reproduzir um comportamento semelhante ao realizado no teste experimental;

3. Alimentar o modelo de DEM com um conjunto de valores de parâmetros e rodar a simulação;

4. Checar os resultados obtidos com aquele conjunto de valores a fim de verificar quão próximo do comportamento real o modelo se encontra;

5. Retornar ao início da simulação, modificar um ou mais parâmetros e repetir a simulação;

6. Repetir os passos 4 e 5 até satisfazer que os parâmetros corretos foram obtidos.

Foi elaborado um fluxograma para demostrar de forma simplificada, o passo a passo da metodologia de calibração dos modelos de simulação de DEM para qualquer material, inclusive o minério de ferro. Tal metodologia foi definida nos trabalhos de Calderón *et al.* (2021), e adaptados para esta pesquisa, bem como nos trabalhos de simulações de projetos na Engenharia da Manutenção das usinas da Vale em Carajás (Serra Norte), Este fluxograma é apresentado na figura 6.

Figura 6. Second stage: development of laboratory experiment and DEM simulations

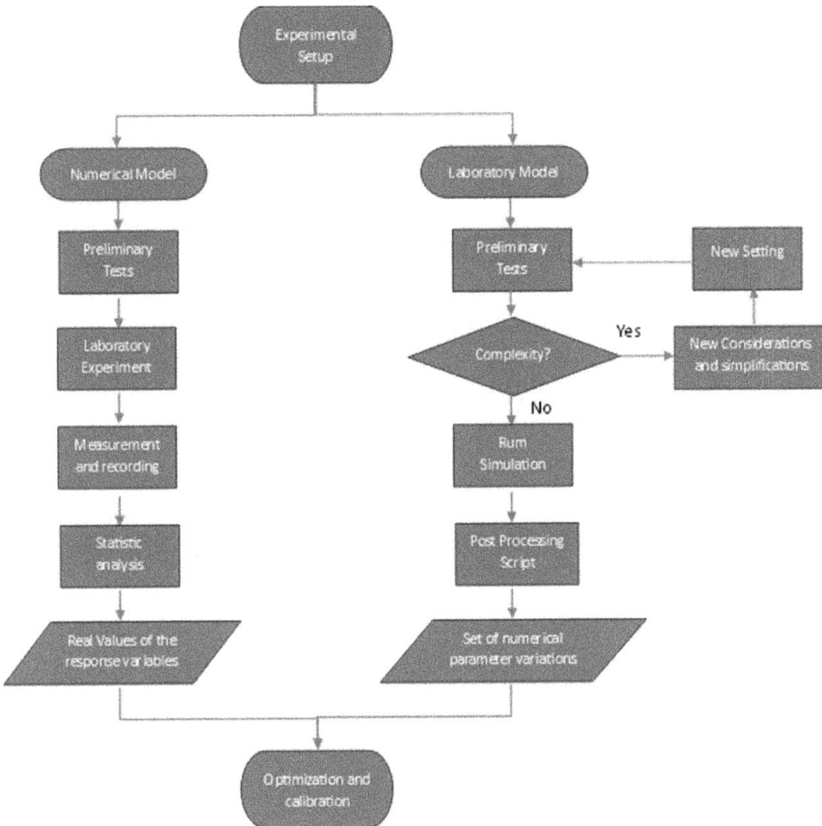

Fonte: Adaptado de Calderón *et al.* (2021)

3 RESULTADOS DA SUMULAÇÃO DE ROCKY DEM

3.1 CONDIÇÕES DE SIMULAÇÃO

Nas simulações do Rocky DEM, o mesmo procedimento do experimento de laboratório é replicado. Ao final de cada simulação, os ângulos de repouso são medidos. Finalmente, estes resultados são comparados com os obtidos no teste de fluxo granular.

Quando os resultados apresentam diferenças abaixo de 5%, os parâmetros são considerados calibrados (Válidos). Duas análises de DEM foram consideradas, uma para hematita friável e outra com uma mistura de minério "Canga" Hematínica e hematita friável.

3.2 DADOS DE ENTRADA PARA A SIMULAÇÃO

Tanto no teste experimental quanto na simulação do DEM, foram utilizados valores constantes de temperatura ambiente e umidade. A densidade do minério de ferro hematita friável é calculada indiretamente pelo volume deslocado em um tubo de ensaio, resultando em um valor igual a 2600 kg/m3, enquanto para o minério de ferro canga foi obtido um valor igual a 1720 kg/m3 com o mesmo método de medição. As análises químicas, propriedades físicas, distribuições granulométricas e interações materiais das amostras são apresentadas nas tabelas 01, 02, 03, 03, 05 e 06 respectivamente.

Tabela 1. Litologia VS análises químicas para experimento de minério de ferro

Litologia	Análise Química (%)								
	Fe	SiO_2	P	Al_2O_3	Mn	TiO_2	CaO	MgO	PPC
Hematita Friável (N4 Mine)	67.27	1.66	0.015	0.47	0.044	0.020	0.01	0.125	1.07
Hematita JP (N4 Mine)	66.99	1.06	0.013	0.70	0.16	0.039	0.014	0.056	2.15
Minério "Canga" (N4 Mine)	48.78	0.25	0.144	16.66	0.042	2.433	0.01	0.28	11.20

Fonte: Próprio autor

Tabela 2. Propriedades físicas para experimentos de minério de ferro e simulação DEM

Propriedades do minério de ferro	Hematita	Canga de minério	Aço
Densidade, (Kg/m^3))	2600	1720	7850
Modulo de Young, GPa	0.24	0.1	100.0
Modulo de Poisson	0.3	0.27	0.3

Fonte: Próprio autor

Tabela 3. Distribuição granulométrica para experimentos com minério de ferro e simulação DEM

Tamanho	Minério de Ferro - Hematita
32.5, mm	100%
30, mm	98%
27.5, mm	84%
25, mm	50%
22.5, mm	16%
20, mm	2%

Fonte: Próprio autor

Tabela 4. Distribuição granulométrica para Blend de minério de ferro dos experimentos e simulação DEM

Tamanho	Minério de Ferro - Hematita	Canga	Canga Grossa
50, mm	100%	100%	100%
40, mm	80%	72%	78%
20, mm	5%	40%	45%

Fonte: Próprio autor

Tabela 5. Interações de materiais para simulação de partículas únicas DEM

Interação dos Materiais	Atrito Estático	Atrito Dinâmico	Distância adesiva (mm)	Coeficiente de restituição
Partícula - Partícula (Hematita-Hematita)	0.99	0.98	1	0.3
Partícula - Geometria (Hematita-Aço)	0,56	0,46	10	0.1

Fonte: Próprio autor

Tabela 6. Tabela 6. Interações de materiais para simulação de DEM para Blend de minério

Interação dos Materiais	Atrito Estático	Atrito Dinâmico	Distância adesiva (mm)	Coeficiente de restituição
Partícula - Partícula (Hematita-Hematita)	2.88	2.55	8	0.1
Partícula - Geometria (Hematita-Aço)	0,56	0,46	10	0.1
Partícula - Partícula (Hematita-Canga)	3,78	2,88	8	0.1
Partícula - Partícula (Canga de minério)	0.3	0.3	0.1	0.3

Fonte: Próprio autor

3.3 RESULTADOS DA SIMULAÇÃO

A seguir, são apresentados os resultados das simulações de Rocky DEM, bem como os experimentos de laboratório e observações de campo. Para os parâmetros simulados, foram obtidos os seguintes ângulos de repouso estático.

Ângulo de repouso estático – SAOR - Ângulo de repouso estático: Minério de Ferro Hematita-Hematita -Aço Simples: Variando de 32,4° a 39,6°.

Figura 7. Simulação DEM-Rocky Hematite Friável

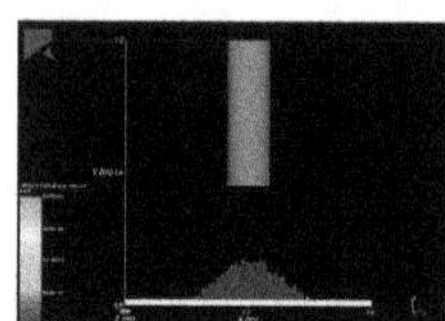
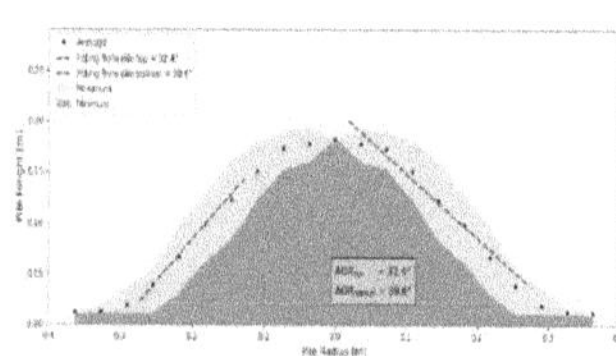
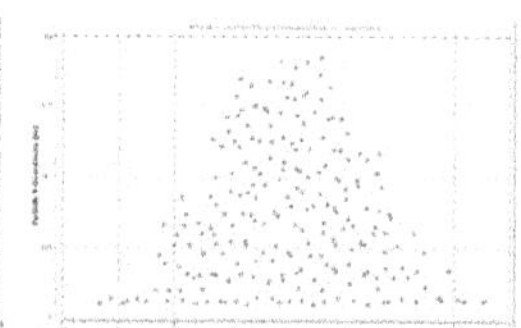

Fonte: Próprio autor

Ângulo Estático de Repouso SAOR - Ângulo Estático de Repouso: Hematita de Minério de Ferro mistura (Blend) “Canga” -Aço Simples: Variando de 38,7° a 43,32°.

Figura 8. Gráfico do comportamento do modelo de contato linear elástico entre duas partículas

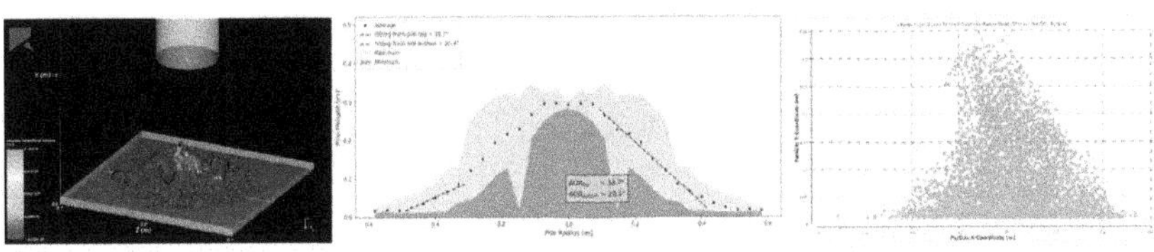

Fonte: Próprio autor

Ângulo de repouso estático DAOR - Ângulo de repouso drenado: Hematita de minério de ferro Blend - "Hematita" - Aço Simples: Variando de 47,07° a 55,5°.

Figura 9. Simulação DEM-Rocky Método da caixa com porta deslizante - Hematite Friável

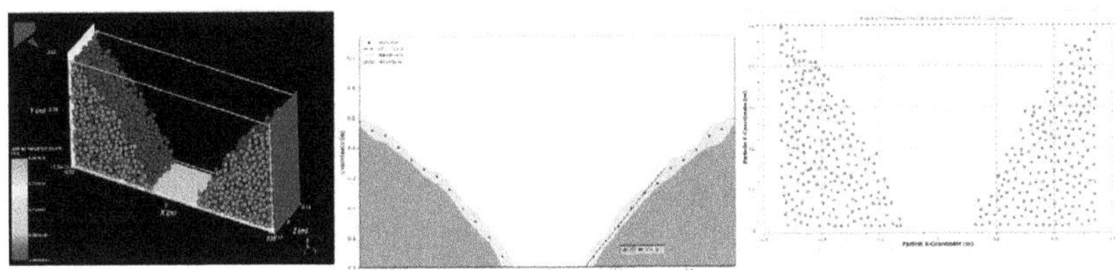

Fonte: Próprio autor

As figuras 10 e 11 apresentam alguns ensaios laboratoriais para levantamento dos ângulos de repouso estático e dinâmico bem como ensaios de peneirabilidade e caracterização mineralógica para avaliação e analise coesiva.

Figura 10. Experimento Laboratório de minérios - Hematite 9 a 12% umidade

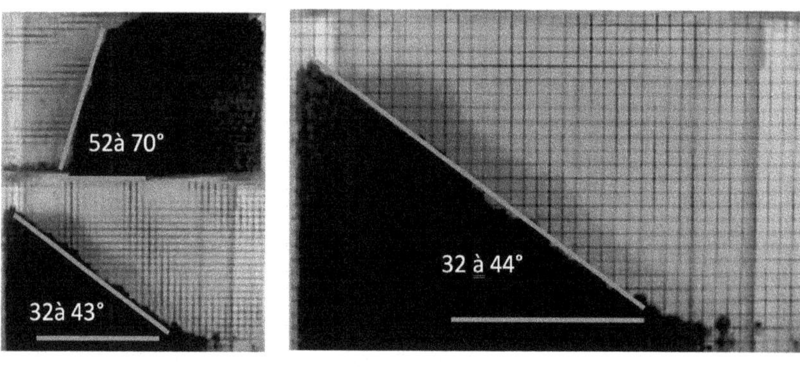

Fonte: Marcelo Mourão, Vale 2016

Figura 11. Caracterização mineralógica e Testes de peneirabilidade

Fonte: Cleiton Adriani, 2020

Foi realizado Testes de TML (*Transportable Moisture Limit*) amostras de minérios de ferro goithítico e ferrítico onde o parecer do laboratório de mineralogia apresentou que, constatado que o minério hidratado (Canga de minério de ferro) com umidade acima de 9% tem a característica de aglomeração em função do quartzo livre e sua associação com a sílica. Dificulta o transporte nos circuitos de tratamento, reduzindo o fator de capacidade produtiva. Como pode ser visto na Figura 12.

Figura 12. Experimento Laboratório de minérios - Hematite 9 a 12% umidade, Testes de TML

Fonte: Cleiton Adriani, 2020

3.4 RESULTADOS E OBERVAÇÕES DE CAMPO

Algumas observações de campo foram realizadas para obter ângulos das pilhas de minério nos pátios de estocagem e chutes de transferência. Algumas observações de campo foram realizadas para obter ângulos das pilhas de minério nos pátios de estocagem e chutes de transferência. As Figuras 13, 14 e 15 apresentadas a seguir mostram os ângulos de repouso observados em campo em condições reais de escoamento nas usinas da Vale em carajás -PA – Brasil.

Figura 13. Pilhas de minério e chute observados no campo Planta de minério de ferro da Vale em Carajás – Ângulo de repouso estático entre 32° a 60°

Fonte: Eng. de manutenção Vale, 2022

Figura 14. Pilhas de minério observadas no campo da usina de minério de ferro da Vale em Carajás. Ângulo de repouso estático entre 38° a 62°

Fonte: Eng. de manutenção Vale, 2022

Figura 15. Pilhas de minério observadas no campo da usina de minério de ferro da Vale em Carajás. Ângulo de repouso estático entre 32° a 62°

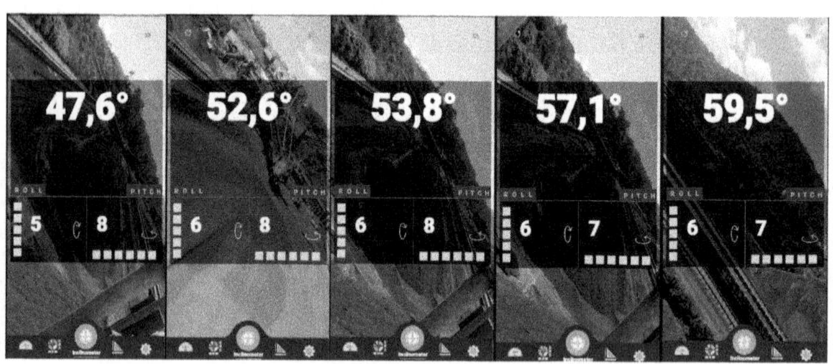

Fonte: Eng. de manutenção Vale, 2023

4 EXEMPLOS DE EQUIPAMENTOS SIMULADOS

Após os testes de caracterização e calibração dos modelos DEM, foi realizada a padronização dos parâmetros para elaboração de projetos de peneiras de rolos, calhas e silos. Nas análises, o minério de ferro foi utilizado como Sinter Feed e ROM, na alimentação e análise de vazões em moegas, calhas de alimentação de correias transportadoras, britador secundário. Garantindo melhorias na vazão desses equipamentos.

O exemplo a seguir apresenta a simulação do DEM, com os parâmetros levantados neste estudo, realizada para definir o arranjo dos discos alinhados para a peneira Rollerscreem e simulação do perfil de fluxo e verificação da eficiência de peneiramento em uma peneira vibratória Single Deck 8x21 em a fase de classificação secundária são apresentados na figura 16 a ,b e c, respectivamente. As considerações e dados de entrada para simulações para as melhorias e novos projetos de peneiras tipo Rollersreen foram: Canga hematínica grossa de (minério de "canga"), Canga hematínica fina (minério de "canga") e Hematita friável grosseira, Hematita friável fina. Os comportamentos dos materiais são diferentes, pois os materiais grosseiros não interagem tão fortemente quanto os materiais finos. Ajuste feito na distribuição granulométrica. Porcentagem de partículas grossas distribuídas assim, Hematita 5% acima de 50mm; Minério canga 20% acima de 50mm; Distribuição de massa assim definida. 60% Canga; 40% Hematita. Para este caso, a interação entre partículas grossas não deve ser considerada, pela fraca interação entre elas.

Após a realização dos estudos e simulações de DEM, foram definidas melhorias nos sistemas de acionamento, discos e eixos da peneira que após a implantação destas, apresentou redução significativa nos modos de falha e número de eventos de travamento e sobrecarga na ordem de 91% de redução e um aumento do MTBF, na casa de 95% e consequentemente da confiabilidade da planta, como pode ser visto nas figuras 17 e 18 respectivamente.

Figura 16. a, b e c. Análises Rocky DEM - Peneira Rollerscreen

Fonte: Eng. de manutenção Vale, 2020

Figura 17. Perfil de perdas da PN-2030KN-10 em 2020 por falhas relativas à travamentos dos eixos e discos da peneira Rollerscreen, vemos a tendencia de redução dos modos de falha.

Fonte: Eng. de manutenção Vale,2020

Figura 18. Indicadores de disponibilidade física, utilização física e MTBF da PN-2030KN-10 em 2020 durante a implantação das melhorias apontadas nos estudos.

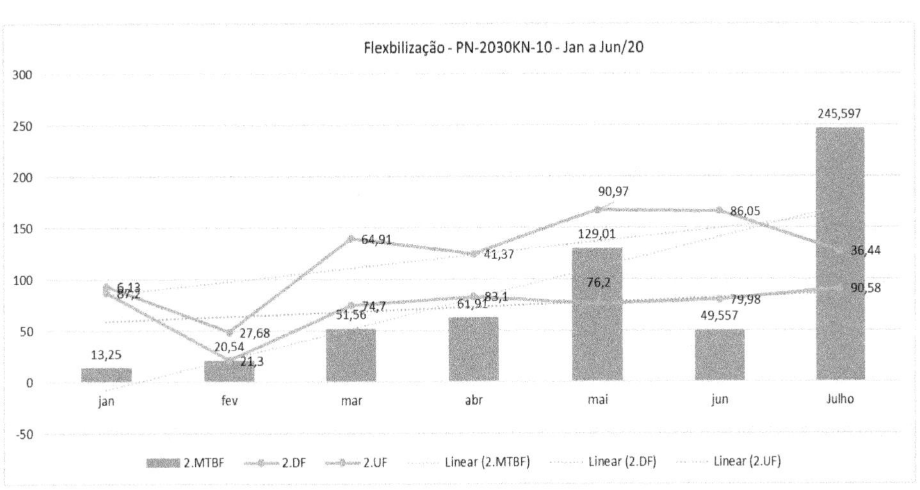

Fonte: Eng. de manutenção Vale,2020

A simulação no Rocky DEM a seguir, foi realizada utilizando os parâmetros definidos nesta pesquisa, para os chutes de transferência dos transportadores das minas de N4 e britagem secundárias da usina 01 TR-113K-04, ver (figura 19). Este estudo foi motivado por recorrentes obstruções no chute de descarga quando operando com blends de minérios acima de 60% canga de minério com alto manganês. Após os estudos de simulação e reengenharia do chute (projeto, fabricação e montagem) houve uma redução nas recorrências de obstruções, conforme apresentado nos gráficos da figura 20, onde pode ser visto a redução dos modos de falhas relativos à obstrução do chute de descarga do TR-113K-04 em 2020.

Figura 19. Análise no DEM Rocky de escoamento em Chute de transferência TR-113K-04

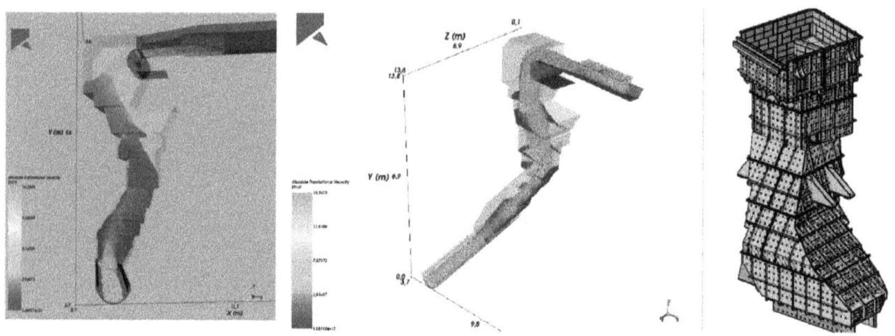

Fonte: Eng. de manutenção Vale, 2020

Figura 20. Perfil de perdas do TR-113K-04 em 2020 por falhas relativas à obstruções do chute de descarga, tendencia de redução dos modos de falha.

Fonte: Eng. de manutenção Vale,2020

Este outro exemplo de simulação de DEM apresentam, além do escoamento contempla o estudo de quebra de partículas e desgaste da geometria para o britador secundário de rolos tipo Sizer modelo MMD650, o objetivo deste estudo foi obter as forças sofrida pelos dentes dos eixos de britador e definir qual o melhor perfil geométrico e obter os esforços nos mesmos bem como determinar novos materiais de desgaste com maior resistentes a abrasão e cisalhamento veja (Figura 21).

Figura 21. Análise no Rocky DEM Britador Sizer MMD650

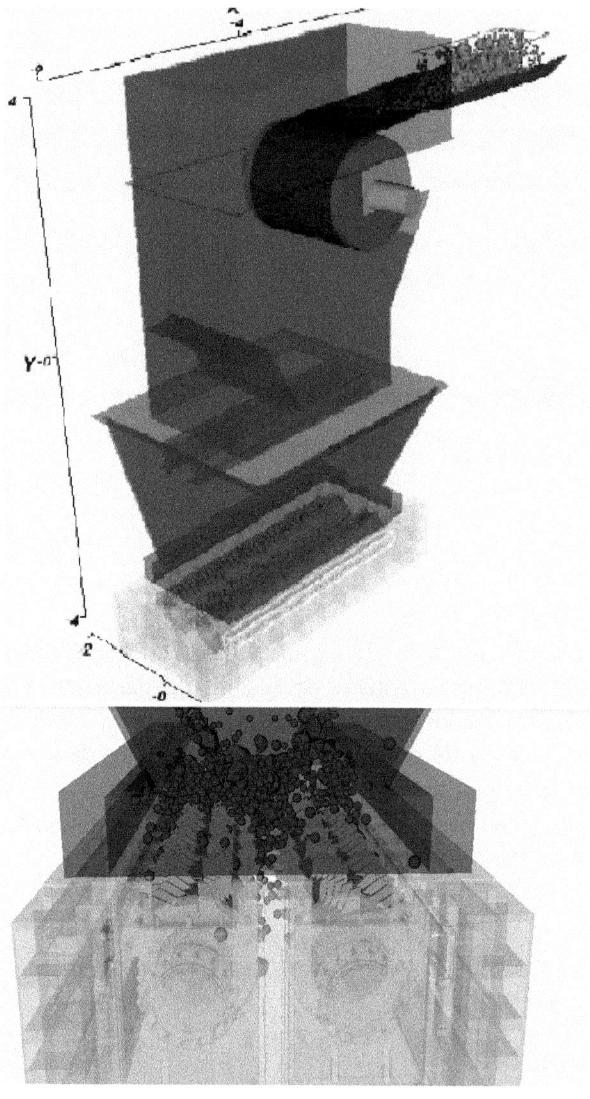

Fonte: Eng. de manutenção Vale, 2020

5 CONSIDERAÇÕES FINAIS

Para esta pesquisa, foi executada a metodologia proposta por Calderón *et al.* (2021), onde foram definidas e seguidas 3 (três) etapas, com dois tipos de modelos, simulações experimentais e DEM, para levantamento e calibração dos parâmetros para minério de ferro, onde esses parâmetros foram/serão utilizados como padrão para novos estudos e projetos de chutes de transferência, peneiras vibratórias, Rollerscreens, entre outros equipamentos da unidade de beneficiamento mineral da Vale S/A em Carajás-PA, Brasil.

A primeira etapa correspondeu à preparação de amostras de minério de ferro, sinter feed com hematita friável e jugo de minério e ao procedimento experimental, onde foram utilizados o laboratório de mineralogia da Vale e dois modelos de simulação Rocky-DEM. Etapa que estabelece as bases para experimentação e pesquisa para coleta de dados e definição do processo de calibração.

Na segunda etapa, foram realizados experimentos de laboratório e simulações Rocky-DEM, referências dos workshops de calibração 1 e 2 (SAOR - Static Angle of Repose e DAOR - Drained Angle of Repose, ESSS 2023).

E na última etapa, são otimizados os parâmetros numéricos da simulação, que melhor representam o comportamento das variáveis mensuráveis no experimento. Em relação aos resultados da metodologia de calibração proposta nesta pesquisa, recomenda-se para minério de ferro Hematita Friável, Canga de Minério e Blend, 60% Canga e 40% Hematita, que é a configuração de blend recomendada para transporte e manuseio na planta de beneficiamento. no vale de Carajás.

- Vazão de alimentação de sinterização - Minério de ferro, interação Hematita com Hematita: valor de 0,99 para coeficiente de atrito estático, 1 milímetro para distância adesiva, 0,98 para resistência ao rolamento e 0,1 coeficiente de restituição
- Vazão de Sinter Feed - Minério de Ferro, Interação da Hematita com a Geometria (Metal Liso): valor de 0,56 para coeficiente de atrito estático, 10 milímetros para distância adesiva, 0,46 para resistência ao rolamento e 0,1 coeficiente de restituição.
- Vazão de Sinter feed, Blend, 60% Canga e 40% Hematita, interação Hematita com Canga: valor de 3,78 para coeficiente de atrito estático, 8 milímetros para distância adesiva, 2,88 para resistência ao rolamento e 0,1 coeficiente de restituição.

Vale ressaltar que ao aplicar a metodologia proposta para as calibrações, verificou-se um alto tempo de simulação, devido ao elevado número de testes necessários para a validação dos parâmetros e variáveis a serem medidos.

Para futuras iniciativas, novos testes e calibrações podem explorar outros teores, misturas e materiais, como o manuseio de 100% "canga" com alto teor de manganês, pois quando esse material entra na usina de beneficiamento, o transporte e a classificação (peneiramento) ficam mais difíceis, gerando produtividade perdas e obstruções nos chutes de transferência em vários pontos do processo. Medir os parâmetros DEM desses teores pode restaurar um novo dimensionamento de equipamentos de processamento mineral.

Podemos complementar que a metodologia aplicada se mostrou eficiente na obtenção dos parâmetros e a utilização destes como padrão, objetivo final desta pesquisa, nos estudos e projetos de equipamentos de processamento mineral, comprovando sua eficácia. Como pode ser visto no item 4.0 desta obra, onde foram apresentados simulações e gráficos com redução de falhas (Obstrução, Travamentos, acúmulo de material) nos equipamentos (chutes de transferência, peneira Rollerscreen e britadores) da usina de beneficiamento da Vale em Carajás. A adoção do novo modelo da peneira Rollerscreen, por exemplo, reduziu os esforços atuantes nos eixos e mancais, na ordem de 50% em relação ao modelo anterior, e essa redução foi capturada pelo novo modelo DEM. Podemos observar uma redução significativa nos modos de falha e número de eventos de travamento e sobrecarga na ordem de 91% e um aumento do MTBF, em tono de 95%. Finalmente podemos concluir que a modelagem de DEM é uma técnica eficiente e contribui fortemente para as soluções de projetos de máquinas e equipamentos de manuseio de graneis, otimizando tempo e custo nas implantações destes projetos.

6 AGRADECIMENTOS

Agradecemos à VALE S/A, através do Sr. Willian Pereira Martins pela disponibilização dos dados laboratoriais do minério de ferro contidos neste trabalho, à ESSS, na pessoa do Sr. Marcelo Kruger pelo suporte técnico nas simulações de calibração com o Rocky DEM e pessoalmente a Engª Vania Alves Donato pelo apoio técnico, orientações e discursões suas considerações foram cruciais na obtenção dos dados de calibração de DEM neste projeto.

REFERÊNCIAS

CARVALHO L. S. **Análise de modelos de coesão capilar para simulação de fluxo de materiais granulares aplicada ao manuseio do minério de ferro.** Dissertação de Mestrado. - Belém: Editora da Universidade Federal do Pará, 20 de junho de 2013.

CUNDALL, P.A., STRACK, O.D.L., 1979. A Discrete Numerical Model For Granular Assemblies. Geotechnique 29, 47–65. Hertz, H., 1882. Uber Die Beruhrung Fester Elastischer Korper. **Journal Fur Die Reine Und Angewandte Mathematik** 92, 156–171.

DELANEY, G.W., MORRISON, R.D., NORDELL, K.J., 2019. **Calibration of discrete element model parameters for iron ore**. Minerals Engineering 141, 105898.

ESSS. **Calibration 1**: Static Angle of Repose. Updated for Rocky version 2023 R1, 4-24, 2023.

ESSS. **Calibration 2**: Drained Angle of Repose. Updated for Rocky version 2023 R1, 4-24, 2023.

ESSS. **DEM technical manual** - Version 2 0 2 3 R1.1. 6-30, 2023.

GÓES Filho, H.A. **Planejamento Portuário**. Vitória: s.n, 2008. (Apostila da disciplina de Planejamento Portuário, Curso de pós graduação em engenharia portuária, UFRJ).

GRIMA, A. P. WYPYCH, **investigation into calibration of discrete element model parameters for scale-up and validation of particle-structure interactions under impact conditions**, Powder Technol., 198 (2011).

KIANI, R., TIMPERI, A., BRAHMA, S, 2017. **On the calibration of an iron ore discrete element model and predicting the particle breakage**. Powder Technology 305, 111-126.

L. G. CALDERÓN , R. E. HUIDOBRO , S. MAGGI. Experimental Calibration Methodology For Numerical Parameters In **A DEM Software Based In Granular Material Static Tests**. WMMES 2021, 2021.

LI, Z., ZAKARIA, M., QUANG, T.V., KISTERS, A., 2018. **A verification and calibration process for a dem model of bulk iron ore**. Powder Technology 329, 35-48.

M. MACHADO, P. MOREIRA, P. FLORES, H.M. LANKARANI. **Compliant contact force models in multibody dynamics**: Evolution Of The Hertz Contact Theory, Mech. Mach. Theory 53 (2012) 99–121.

MATOS, M., LIMA, D.L., MESQUITA, A. calibração de modelo de partículas no método dos elementos discretos usando planejamento de experimentos e redes neurais. **XXVII Encontro Nacional de Tratamento de Minérios e Metalurgia Extrativa**, Belém-PA, 23 a 27 de outubro 2017.

MINDLIN, R.D., DERESIEWICZ, H., 1953. Elastic Spheres In Contact Under Varying Oblique Forces. **Journal Of Applied Mechanics** 20, 327–344.

MURUGESAN, Venkatasami. **Presentation Discrete Element Methods.**, Tamil Nadu Agricultural University, 18-22, (2022).

NASATO, D.S. **Desenvolvimento de acoplamento numérico entre o método dos elementos discretos (dem) e o método dos elementos finitos**. Dissertação de Mestrado. Faculdade de Engenharia Química, UNICAMP, Campinas, São Paulo; 2011.

ZHAO, Z., LI, Y., BAO, G., LI, X., TONG, X., WEI, G., XIE, G., 2020. **Calibration of the contact model parameters for discrete element modeling of iron ore sintering**. Powder Technology 361, 177-189.

CAPÍTULO 9

COMO ESTIMAR A VIDA ÚTIL DE UMA CORREIA TRANSPORTADORA POR REGRESSÃO LINEAR E DETERMINAR SUA CURVA DE CONFIABILIDADE E RISCO

Willian de Castro Toledo
Graduado em Engenharia Mecânica pela Universidade do Leste de Minas Gerais, Unileste - MG. Membro do grupo de estudo em transportador de correia da ABNT CE-004:010.02.
E-mail: williancastro86@hotmail.com.

1 INTRODUÇÃO

Estimar a vida útil de uma correia transportadora de forma assertiva é complexo devido às variáveis operacionais que podem afetar seu desempenho, mas é de grande importância para as empresas ter esta informação para obter melhor planejamento e confiabilidade nas operações, a fim de fazer as substituições no momento certo, além de manter níveis de estoques adequados. Menezes *et al.* (2002) dizem que os custos envolvidos de aquisição e na operação de sistemas por correias transportadoras são os mais relevantes na indústria mineral, e apesar disto, ainda é comum que as decisões relacionadas as substituições sejam feitas sem critérios bem estabelecidos, em geral de forma subjetiva baseada na experiência da equipe técnica, no próprio histórico de vida útil ou por alguma técnica de monitoramento.

Alguns trabalhos já foram desenvolvidos sobre este assunto, com destaque para o trabalho de Pitcher (s.d.) que desenvolveu uma fórmula matemática para estimar a vida útil de uma correia transportadora baseado nas principais variáveis do processo operacional, mas o autor ressalta que o método tem que ser usado apenas para prever a espessura da correia durante o ciclo de vida em fase de projeto, portanto o método é limitado para aplicar em casos reais de operação.

Veloso (2014) elaborou uma modelagem da degradação de correias transportadoras em função do tempo usando variáveis independentes que fazem parte do processo de mineração e que influenciam no desgaste das correias. O trabalho resultou em potencial ganho financeiro em função da diferença da vida útil das correias que era praticado pela equipe e pela vida útil calculada pelos modelos matemáticos.

Jurdziak e Hardygora (1997) modelaram o tempo de vida útil de uma correia transportadora com uso da distribuição de Weibull que teve resultados satisfatórios, porém os autores utilizaram como dados de entrada os tempos até a falha baseados em históricos e não levaram em consideração os mecanismos de falhas presentes em um caso real de operação.

Neste contexto, percebe-se ainda grande oportunidade de melhoria na previsibilidade de vida útil das correias transportadoras, contudo, este trabalho tem o propósito de demonstrar a estimativa de vida útil por regressão linear simples através da degradação real da cobertura superior da correia pelo controle e monitoramento de ultrassom e determinar as curvas de confiabilidade e risco pela distribuição de Weibull.

Como objetivos o presente trabalho tem o objetivo geral de demostrar o cálculo para estimar a vida útil de uma correia transportadora por regressão linear simples através da degradação da cobertura superior, para tanto busca-se os seguintes objetivos específicos:

• Suportar a pesquisa com referencial teórico que aborda os conceitos básicos de correia transportadora, regressão linear e distribuição de Weibull;

• Calcular por regressão linear simples as variáveis interseção “a”, inclinação da reta “b” e seu coeficiente de correlação “R”;

• Determinar as curvas de confiabilidade e risco com uso da distruibuição de Weibull;

• Estudar o caso com demonstrações das etapas dos cálculos e análises através de gráficos.

2 REFERENCIAL TEÓRICO

2.1 CORREIA TRANSPORTADORA

Correia transportadora é definida pela ABNT (2016) como equipamento “contínua ou sem-fim, destinada a formar a superfície de sustentação sobre a qual será assentado o material a ser transportado. O movimento da correia produz o transporte propriamente dito”, ou seja, são equipamentos para manuseio de material a granel utilizado em grande escala principalmente no ramo de mineração. Basicamente, uma correia transportadora é composta por duas partes: a carcaça interna e as coberturas externas (superior e inferior) conforme mostra a figura 01.

• Coberturas: Tem a função de proteger a carcaça da abrasão causada pelo carregamento do material ou qualquer outra condição presente no ambiente de operação que possa contribuir para a deterioração da correia transportadora.

• Carcaça: É a seção estrutural mais importante da correia transportadora, pois tem como objetivo transmitir a força necessária para elevar e mover a correia carregada e absorver a energia de impacto liberada pelo material ao ser carregado na correia através da calha de alimentação. A carcaça pode ser fabricada de lonas têxteis ou por cabos de aço.

Figura 1. (A) Carcaça lonas têxteis, (B) carcaça com cabos de aço

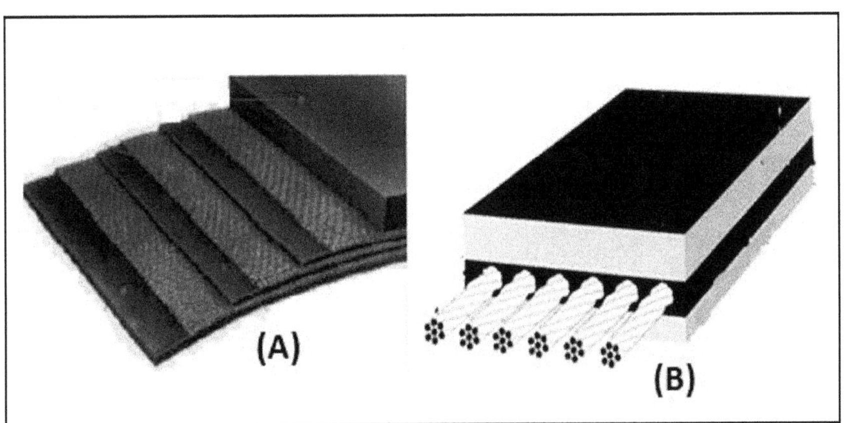

Fonte: Cota (2010)

Portanto, correia transportadora é um componente sujeito a trocas periódicas. Na correia ideal, o desgaste total da cobertura deveria coincidir com o final de vida útil da carcaça, mas normalmente as coberturas desgastam primeiro, principalmente a cobertura superior. Este desgaste quando acontece de forma normal é devido à ação abrasiva causada pelo carregamento do minério através do chute de alimentação sobre a cobertura da correia quando em movimento.

2.2 REGRESSÃO LINEAR SIMPLES

O modelo de regressão linear simples consiste em um conjunto de métodos e técnicas para estabelecer uma equação matemática que descreve o relacionamento entre duas variáveis, ou seja, uma variável chamada de dependente estar relacionada a uma ou mais variáveis independentes por uma equação linear que normalmente é demonstrada através de uma reta. Este método é utilizado com o objetivo de prever um valor que não se consegue estimar inicialmente. Para se obter o cálculo da equação da reta, basta aplicar a seguinte equação 01:

$$Y = a + bx \qquad (1)$$

Na equação 01, o "y" representa a variável dependente e o "x" a variável independente. O termo "a" representa à interseção da linha no eixo y e "b" a inclinação da reta conforme representação gráfica na figura 02.

Figura 2. Representação gráfica da equação 02

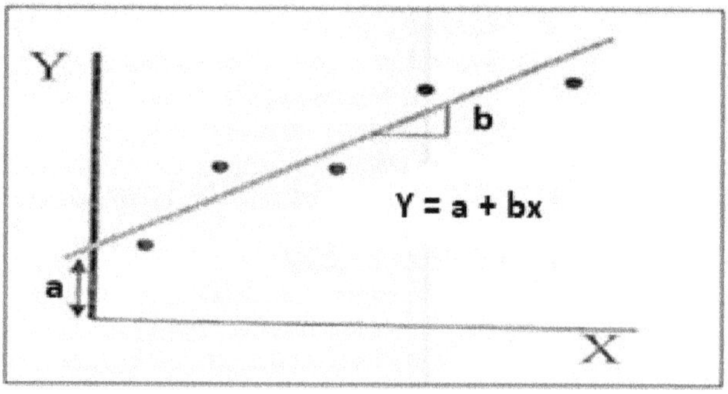

Fonte: Montgomery e Runger (2003) adaptado

Os valores de "a" e "b" podem ser calculados através das equações 02 e 03. O termo "n" corresponde ao número de amostras utilizadas no cálculo.

$$a = \frac{\sum X^2 \sum Y - \sum X \sum XY}{N \sum X^2 - (\sum X)^2} \qquad (2)$$

$$b = \frac{N \sum XY - \sum X \sum Y}{N \sum X^2 - (\sum X)^2} \qquad (3)$$

Outro fator importante no cálculo de regressão linear simples é o coeficiente de correlação "R" que indica o grau de relacionamento entre as variáveis "x" e "y" em uma amostra e mede a intensidade e direção da relação linear destas variáveis e sempre será um valor entre -1 <= R <= 1. O coeficiente de correlação "R" é calculado pela equação 04.

$$R = \frac{\sum XY - \frac{\sum X \sum Y}{N}}{\sqrt{\sum X^2 - \frac{(\sum X)^2}{N}} \sqrt{\sum Y^2 - \frac{(\sum Y)^2}{N}}} \qquad (4)$$

A interpretação do resultado de "R" pode ser entendida conforme figura 03.

- Quanto mais próximo de –1: maior correlação negativa;

- Quanto mais próximo de 1: maior correlação positiva;
- Quanto mais próximo de 0: menor a correlação linear;
- Igual a 0: Não existe correlação.

Figura 3. Interpretação dos valores do coeficiente de correlação "R"

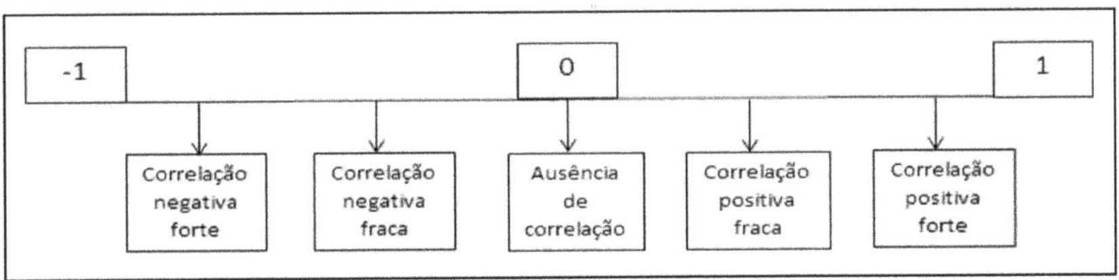

Fonte: Próprio autor

Montgomery e Runger (2003) dizem que a primeira aplicação do termo análise de regressão foi utilizada pelo Sir. Francis Galton em um estudo realizado para avaliar a altura dos pais (variável x) com a altura dos filhos (variável y). Neste estudo, percebeu-se que os pais de estatura alta tinham em média filhos de estatura alta e pais de estatura baixa tinham em média filhos de estatura baixa, ou seja, a altura dos filhos regrediu em relação à média. Neste sentido, ele denominou regressão ao processo geral de estimar o valor de uma variável (a altura dos filhos) a partir do valor de outra (a altura dos pais).

2.3 DISTRIBUIÇÃO DE WEIBULL

A distribuição de Weibull é uma expressão semi-empírica desenvolvida pelo físico sueco Ernest Hjalmar Wallodi Weibull, que em 1939 apresentou o modelo de planejamento estatístico sobre a fadiga dos materiais que é extensivamente usada em engenharia da confiabilidade, análise de sobrevivência e em outras áreas devido a sua versatilidade e simplicidade. A distribuição de Weibull permite:

- Representar falhas típicas de partida (mortalidade infantil), falhas aleatórias e falhas devido ao desgaste;
- Obter parâmetros significativos da configuração das falhas;
- Representação gráfica simples.

Em geral, suas aplicações visam à determinação do tempo de vida médio e da taxa de falhas em função do tempo da população analisada. Ressalta-se que o sucesso da distribuição se justifica não só pela sua eficácia, mas também pelo fato de existirem recursos gráficos que facilitam sua interpretação e por ser capaz de fazer previsões de acurácia razoável mesmo quando a quantidade de dados disponível é baixa. A distribuição de Weibull utiliza as seguintes equações 05 e 06 com os parâmetros t, η e β:

A equação 05 mostra a probabilidade de falhas F(t) de um item em um dado intervalo de tempo "t" de operação (risco).

$$F\,(t) = 1\; - e^{-(\frac{t}{\eta})^{\beta}}$$

A equação 06 mostra a probabilidade o qual um equipamento não irá falhar R(t) para um dado período "t" de operação (confiabilidade).

$$R\,(t) = e^{-(\frac{t}{\eta})^{\beta}}$$

t: Vida mínima ou confiabilidade intrínseca (tempo de operação a partir do qual o equipamento passa a apresentar falhas, ou seja, intervalo de tempo que o equipamento não apresenta falhas).

η: Vida característica ou parâmetro de escala.

β: Fator de forma que indica a forma da curva e a característica das falhas. β < 1 = Mortalidade infantil: falhas precoces, taxa de falha é decrescente. β = 1 = Falhas aleatórias, taxa de falha é constante.

β > 1 = Falhas por desgaste, taxa de falha é crescente.

2 ESTUDO DE CASO

A seguir serão aplicados os conceitos de regressão linear simples e distribuição de Weibull para estimar a vida útil de uma correia transportadora e determinar sua curva de confiabilidade e risco.

2.1 CONTROLE DA DEGRADAÇÃO DA COBERTURA SUPERIOR DA CORREIA TRANSPORTADORA

A técnica de monitoramento por ultrassom é fortemente utilizada pelo setor de manutenção para medir a espessura das coberturas da correia e acompanhar sua degradação. Em condições normais de operação, a cobertura superior sofre o maior desgaste devido à ação abrasiva causada pelo carregamento do minério e com outros componentes do transportador. Um perfil de desgaste normal é mostrado na figura 04.

Figura 4. Degradação da cobertura superior da correia transportadora

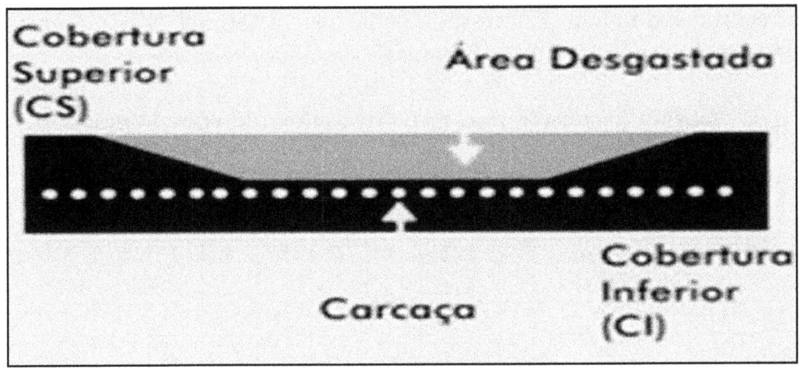

Fonte: Contiservices (s.d.) adaptado

Em resumo, esta técnica utiliza como princípio a emissão e recebimento de ondas ultrassônicas para fazer a leitura no interior das peças que estão sendo medidas. Em correia transportadora as medições são feitas geralmente pela seção transversal (largura da correia) para medir a sua espessura conforme figura 05.

Figura 5. Técnica de monitoramento por ultrassom

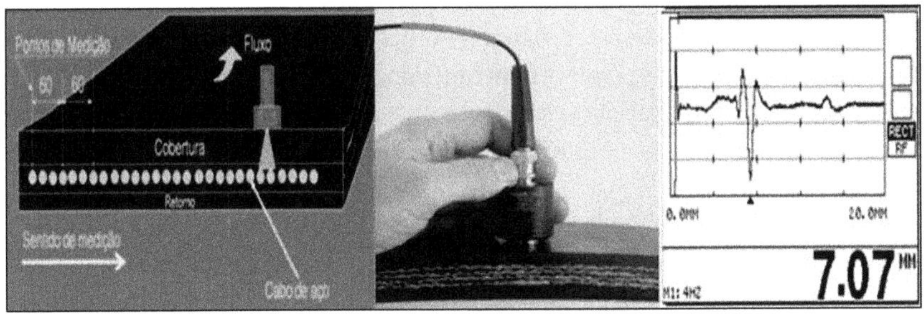

Fonte: Cota (2010) e Bernard e Bos-Levenbacj (1953)

2.2 CÁLCULO DA VIDA ÚTIL BASEADO NA REGRESSÃO LINEAR SIMPLES

O cálculo da vida útil baseado na regressão linear será realizado conforme exemplo da tabela 01, que mostra o registro das medições contendo 10 pontos medidos pela seção transversal da correia transportadora em 08 datas. O controle iniciou-se em 15/01/18 com a instalação da correia transportadora nova que possui cobertura superior de 10 mm e a última medição foi realizada em 03/03/19. Para fazer uso da regressão linear em correia transportadora, é necessário definir que a variável "x" é o tempo de operação e a variável "y" são os pontos de espessura medidos.

Tabela 1. Informações de entrada para o cálculo de regressão linear

Tempo - Variável X		Pontos medidos por ultrassom na seção transversal da correia transportadora - Variável Y									
Data	**Tempo (dias)**	**1**	**2**	**3**	**4**	**5**	**6**	**7**	**8**	**9**	**10**
15/01/2018	0	10	10	10	10	10	10	10	10	10	10
22/03/2018	66	9,8	9,9	9,7	9,6	9,5	9,3	9,3	9,6	9,7	9,9
11/05/2018	116	9,5	9,6	9,3	9,1	9,1	8,8	9	9,2	9,4	9,6
17/07/2018	183	9	9,3	9	8,7	8,6	8,2	8,5	8,8	9,1	9,4
02/09/2018	230	8,8	9	8,8	8,4	8,1	7,7	8	8,1	8,8	9
30/10/2018	288	8,6	8,8	8,5	8	7,6	7,4	7,4	7,7	8,3	8,8
12/01/2019	362	8	8,2	7,5	7,1	6,7	6,6	6,8	7	7,5	8,1
03/03/2019	412	7,5	7,2	6,4	6	6	5,9	6,1	6,2	6,8	7,4

Fonte: Próprio autor

Aplicando os cálculos de regressão linear simples é possível obter os valores de interseção "a" e inclinação "b" da reta e seu coeficiente de correlação "R". Os resultados podem ser vistos na tabela 02. Percebe-se que existe uma forte correlação negativa (valores encontrados de "R" próximos a menos 1), isto significa que as duas variáveis se movem em direções opostas, ou seja, com o aumento do tempo de operação existe a redução da espessura da correia transportadora.

Para fazer o cálculo da estimativa da vida útil é necessário definir o limite mínimo de borracha na cobertura superior conforme figura 06. Este limite fica a critério do usuário, sendo que este valor pode ser informado por fabricantes e/ou por normas. Neste exemplo foi definido como limite mínimo o valor de 4 mm, com isto, é possível calcular a vida útil conforme equação 07, através da subtração entre o limite mínimo estabelecido e o ponto de interseção dividido pela inclinação da reta. Os resultados podem ser vistos na tabela 02.

Figura 6. Limite mínimo da cobertura superior da correia

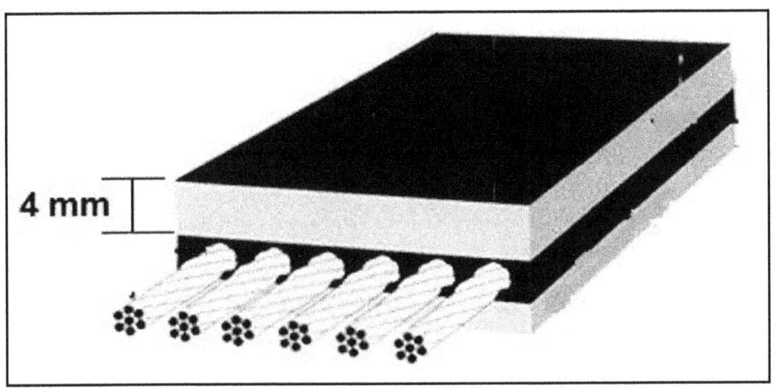

Fonte: Cota (2010) adaptado

$$Vida\ últil\ da\ correia = \frac{Limite\ de\ espessura\ - Interseção\ (a)}{Inclinação\ (b)}$$

Tabela 2. Cálculo dos parâmetros "a", "b", "R" e vida útil da correia transportadora

Pontos	1	2	3	4	5	6	7	8	9	10
Interseção (a)	10,1	10,3	10,3	10,2	10,2	10,0	10,0	10,2	10,3	10,3
Inclinação (b)	-0,01	-0,01	- 0,01	- 0,01	- 0,01	- 0,01	- 0,01	- 0,01	- 0,01	-0,01
Correlação (R)	-0,99	-0,96	- 0,96	- 0,98	- 0,99	- 1,00	- 1,00	- 0,99	- 0,98	-0,97
Limite (mm)	4	4	4	4	4	4	4	4	4	4
Vida útil (dias)	1.027	1.007	796	694	647	626	659	683	832	1.032

Fonte: Próprio autor

Gráfico 1. Projeção do final de vida útil da correia transportadora

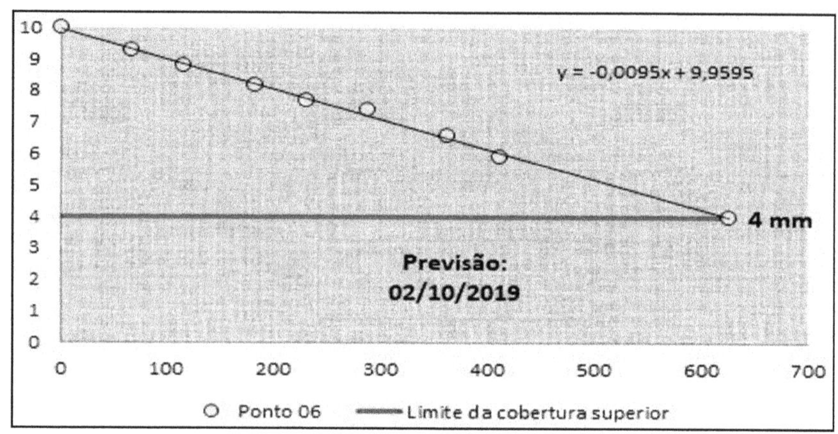

Fonte: Próprio autor

2.3 DISTRIBUIÇÃO DE WEIBULL

O cálculo da distribuição de Weibull através da regressão linear neste trabalho tem o objetivo de determinar as curvas de confiabilidade e risco para os dados de vida útil da correia transportadora.

O método possui as seguintes etapas:

1. Colocar as informações de vida útil em ordem crescente de 1 a 10;

2. Calcular a aproximação Q(t) para representar a frequência acumulada pela equação 08 10 de Bernard, onde "i" é a posição do dado de vida e "n" é o número total de amostras. Esta equação é utilizada para calcular o ranking mediano para cada número de ordem da amostra.

$$Q(t) = \frac{i - 0{,}3}{n + 0{,}4}$$

3. Linearizar a equação 05 para a equação de uma reta Y = ax + b. Este processo é feito para converter uma curva em uma reta para facilitar a análise conforme mostrado pelas equações 09, 10 e 11.

$$F(t) = 1 - e^{-(\frac{t}{\eta})^{\beta}} \quad (9)$$

$$\ln = \left(1 - F(t)\right) = -(\frac{t}{\eta})^{\beta} \quad (10)$$

$$\ln = -\ln\left(1 - F(t)\right) = \beta \ln(t) - \beta \ln(\eta) \quad (11)$$

A partir dos resultados das equações 8 e 11 é possível obter a tabela 03 e aplicar a regressão linear para calcular o fator de forma "β" e o parâmetro de escala "η" através das equações 12, 13 e 14. Os resultados podem ser vistos na tabela 04.

Tabela 3. Cálculo dos parâmetros Q, Y e X

Vida útil (dias)	Sequência	Q(t)	Y = ln(-ln(1-F(t))	X = ln (t)
626	1	0,067308	-2,6638431	6,439276
647	2	0,163462	-1,7232632	6,472384
659	3	0,259615	-1,2020231	6,491047
683	4	0,355769	-0,8216665	6,52704
694	5	0,451923	-0,5085954	6,542266
796	6	0,548077	-0,2303654	6,679323
832	7	0,644231	0,032925	6,723532
1.007	8	0,740385	0,2990329	6,914542
1.027	9	0,836538	0,5939772	6,93464
1.032	10	0,932692	0,9926889	6,939097

Fonte: Próprio autor

$$a = \beta = \frac{N \sum XY - \sum X \sum Y}{N \sum X^2 - (\sum X)^2} \quad (12)$$

$$b = -\beta ln\eta = \frac{\sum Y - a \sum X}{N} \quad (13)$$

$$\eta = e^{(\frac{-b}{a})} \quad (14)$$

Tabela 4. Valores de β e η

Fator de forma (β)	Parâmetro de escala (η)
4,9995	872,1372

Fonte: Próprio autor

Aplicando as equações 05 F(t) e 06 R(t) é possível obter os valores de confiabilidade e risco conforme tabela 05 e gráfico 02.

Tabela 5. Cálculo de F(t) e R(t)

Tempo (t) em dias	Confiabilidade R(t)	Risco F(t)
300	100%	0%
400	98%	2%
500	94%	6%
600	86%	14%
700	72%	28%
800	52%	48%
900	31%	69%
1.000	14%	86%
1.100	4%	96%
1.200	1%	99%
1.300	0%	100%

Fonte: Próprio autor

Analisando o gráfico, percebe-se que com 800 dias de operação a correia transportadora tem 52% de confiabilidade e 48% de risco em ter todos os 10 pontos medidos com espessura igual a 4 mm.

Gráfico 2. Confiabilidade R(t) x Risco F(t)

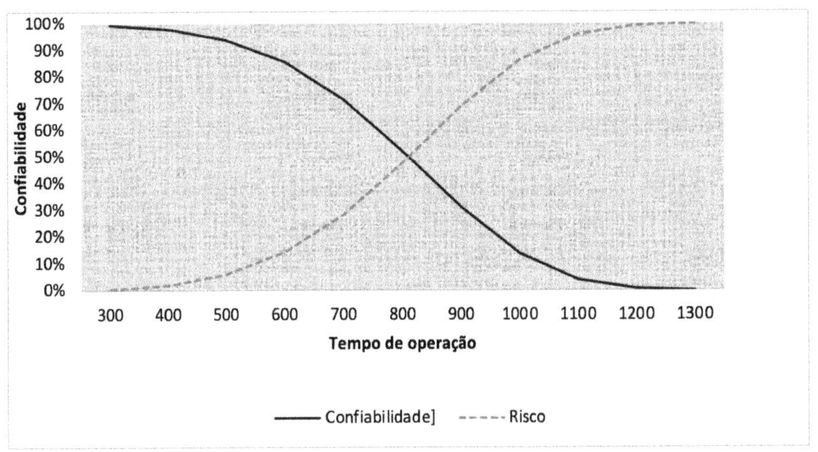

Fonte: Próprio autor

5 CONSIDERAÇÕES FINAIS

Neste trabalho foi mostrado uma alternativa para ajudar no acompanhamento do desgaste real de uma correia transportadora pela técnica de ultrassom. Através dos dados coletados sobre a espessura das coberturas da correia transportadora, principalmente na cobertura superior onde o desgaste é mais acelerado, é possível estimar o final de vida útil por regressão linear simples e através da distribuição de Weibull determinar as curvas de confiabilidade e risco. No exemplo apresentado houve forte grau de correlação entre as variáveis "X" (tempo de operação) e "Y" (espessura da correia) o que indica que o método pode ser aplicado na prática, porém vale ressaltar que para este método ser assertivo é preciso manter o acompanhamento periódico das medições e coleta dos dados e a correia transportadora deve apresentar perfil de desgaste normal, ou seja, sem grandes interferências de outros mecanismos de falhas, tais como rasgos, falha nas emendas, fadiga da carcaça etc. Por fim, mediante a validação dos resultados na prática, é possível que este método possa servir como base para o desenvolvimento de um software para tornar os cálculos e as análises mais precisas.

REFERÊNCIAS

ABNT. Associação Brasileira de Normas Técnicas. **NBR 6177**: Transportadores contínuos – Transportadores de correia - Terminologia. Brasil, ABNT. 2016.
BERNARD, A.; BOS-LEVENBACJ, E. C. The plotting of observations on probability paper, **Statistica**, 7, pp. 163-173, 1953.

CONTISERVICES. **Recuperação de correia transportadora**. [s.d.]. Disponível em: http://contiservices.com.br/servicos/recuperacao-de-correias-transportadoras/. Acesso em: 05 mar 2019.

COTA, Paiva Fábio. **Monitoramento da espessura de correias transportadoras**. UFSJ, 2010.

JURDZIAK, L.: HARDYGORA, M. **Determination of the distribuition function of conveyor belt operating time**. Mine Planning and Equipament Selection, v. 37, n. 6, 1997.

MENEZES, I. M. DE; ALMEIDA, M. DE L.; CASTRO, C. H.; CRUZ, M. M. Tecnologias inovadoras para maximizar a vida econômica de correias transportadoras. **1° Congresso Mundial de Manutenção**. Anais..., (2002).

MONTGOMERY, Douglas C.; RUNGER, George C. **Estatística Aplicada e Probabilidade para Engenheiros**. LTC: Rio de Janeiro, 2003.

OLYMPUS. **Teste de espessura para esteiras rolantes com borracha reforçada**. Disponível em: https://www.olympus-ims.com/pt/applications/thickness-testing-rubber- conveyor-belt/. Acesso em 05 mar 2019.

PITCHER. D. M. **Design of Load Chutes for Optimum Belt Life**. Dunlop África products, [s.d.].

VELOSO, Campos Ricardo. **Modelagem de curvas de degradação de correias transportadoras com base em covariáveis inerentes ao processo de mineração**. Programa de Pós Graduação em Engenharia de Produção. Porto Alegre, 2014.

CAPÍTULO 10

TESTE DE NOVOS EQUIPAMENTOS E MATERIAIS: FACAS DO CORTE DE BASE DE COLHEDORAS DE CANA-DE-AÇÚCAR

Maria Adalia de Almeida Ramos
Graduada em Engenharia Mecânica pela Universidade Federal de Campina Grande (UFCG). Pós-graduanda em Engenharia da Manutenção e Confiabilidade (UNINTER). Pós-graduanda em Energias Renováveis (UNINTER). Analista de PCM Pleno pela Usina Coruripe Açúcar e Álcool.
E-mail: adalia082@gmail.com.

Pedro Felipe de Carvalho Araújo
Graduado em Engenharia Mecânica pela Universidade Federal de Campina Grande (UFCG). Possui MBA em Gestão de Projetos pela Fundação Getúlio Vargas (FGV). Pós-graduando em MBA em Gestão do Agronegócio pela Universidade de São Paulo (USP). Pós-graduando em Engenharia de Operações e Gestão de Ativos pela Universidade Federal do Rio Grande do Norte (UFRN). Mais de 10 anos de atuação no setor sucroenergético. Coordenador de Manutenção Agrícola na Usina Coruripe Açúcar e Álcool.
E-mail: felipecarvalhopj@gmail.com.

Fernando Hugo Andrade e Silva
Mestrando em Engenharia Mecânica pela Universidade Federal de Campina Grande - UFCG. Especialista em Gestão de Projetos pela Faculdade Getúlio Vargas - FGV. Graduado em Engenharia Mecânica - UFCG.
E-mail: fernandohas@gmail.com.

1 INTRODUÇÃO

O Brasil é o maior produtor mundial de cana-de-açúcar (IEA, 2021), e, na safra 2022/23 teve uma produção aproximada de 610,1 milhões de toneladas, um crescimento de 5,4% em relação à safra anterior (Conab, 2023). Além disso, vale ressaltar que 90,8% dessa produção foi realizada através de colheita mecanizada (Conab, 2023).

Observa-se uma crescente busca e implementação da colheita mecanizada utilizando máquinas autopropelidas, na unidade da empresa onde se realizou esta pesquisa, por exemplo, quando implantou esse processo na safra 2013/2014 tinham-se apenas 4 colhedoras, evoluindo de forma gradativa para 8 na safra 2022/2023 e 12 na safra 2023/2024.

Esse crescimento é justificado por diversos motivos, tais como, maior rendimento das colhedoras, redução de custos, leis ambientais que limitam a queima da cana-de- açúcar, escassez de mão de obra aliada ao endurecimento de leis trabalhistas e o advento da Indústria 4.0.

Além disso, vale ressaltar que uma das características mais importantes na colheita mecanizada de cana-de-açúcar é a qualidade do corte de base, esta etapa faz uso do princípio de corte inercial por impacto, constituído normalmente por um cortador de discos duplos rotativos, ligados aos rotores da máquina, com múltiplas facas (lâminas) que devem realizar o corte o mais perfeito possível, para o posterior favorecimento da brotação do canavial (Voltarelli *et al.*, 2015).

As facas citadas, são peças de desgaste, utilizadas em quantidade considerável, de curta duração, e de grande implicação na qualidade e produtividade da colheita. Segundo o site Cana Online (2017), cada colhedora possui jogos de facas que vão de 10 a 14 facas, com durabilidade média de 25 horas de operação ou de 120 a 180 toneladas de cana-de- açúcar colhida por jogo, além disso, em uma faca normal, a cada turno de 8 horas, as facas devem ser rotacionadas, o que leva, em média cerca de 40 minutos, acarretando perda de eficiência operacional.

Existem diversos fabricantes e modelos de facas. O polo da empresa onde foram realizados os testes já utilizou uma variedade considerável de fabricantes/modelos. De início, utilizava facas sem revestimento, muitas dessas se mostravam quebradiças ou com deformação considerável e baixa durabilidade, até que se identificou a faca que iremos denominar de Faca A, ela foi a primeira faca com revestimento utilizada pela empresa, apresentou durabilidade superior às anteriores, baixo histórico de quebra e de deformação, no entanto, um custo aquisitivo maior.

Além disso, a durabilidade da faca revestida com liga metálica de carbeto de tungstênio, por possuir auto afiação do fio, é superior de aproximadamente quatro vezes mais em relação às facas sem revestimento, situação que também contribui para se obter menores índices de danos às soqueiras (Voltarelli *et al.*, 2017).

Desta forma, ao se deparar com um novo modelo de faca revestida, de fabricante diferente, com um custo aquisitivo menor que a Faca A, decidiu-se realizar testes comparativos entre ambas para se identificar se esse novo modelo, Faca B, seria um potencial substituto. Assim sendo, este trabalho tem como objetivo comparar ambas facas, desde diferenças geométricas, a parâmetros como desgaste (perda mássica), o número de facas quebradas e deformação por flexão.

1.1 OBJETIVO GERAL

Testar novos equipamentos e materiais: facas do corte de base das colhedoras de cana-de-açúcar.

1.2 OBJETIVOS ESPECÍFICOS

- Realizar planejamento dos testes;
- Obter informações iniciais das facas;
- Elaborar formulários para os testes;

- Treinar envolvidos nos testes;
- Realizar os testes;
- Analisar os resultados obtidos.

2 REFERENCIAL TEÓRICO

Dentro da Engenharia da Manutenção, os "Testes de novos equipamentos e materiais" representam o ponto em que a empresa promove os testes antes de caracterizar a usabilidade do equipamento ou material em sua linha produtiva, pois não é sábio para uma companhia adotar novas alternativas que o mercado oferece sem os devidos testes e avaliações prévias (Viana, 2020).

Diante de um cenário em que a "colheita mecanizada de cana-de-açúcar é uma tendência crescente e irreversível ao setor canavieiro" (Voltarelli *et al.*, 2015). E, sabendo que "Durante o processo de colheita mecanizada de cana-de-açúcar, o desgaste das facas do mecanismo de corte basal é fator diretamente relacionado com a qualidade do corte" (Cassia *et al.*, 2014). Avaliar um novo modelo de faca antes de utilizá-lo, se torna primordial.

Para essa avaliação faz-se necessário realizar medições, seja de tempo (duração das facas), geometria, deflexão e massa. Assim sendo, devem ter como base a ciência das medições e suas aplicações, a Metrologia, que tem como foco principal prover confiabilidade, credibilidade, universalidade e qualidade às medidas (Neto, 2018).

Além disso, outra área necessária nesta pesquisa, para a interpretação dos dados é a Estatística descritiva, definida como "conjunto de técnicas que permite, de forma sistemática, organizar, descrever, analisar e interpretar dados oriundos de estudos ou experimentos, realizados em qualquer área do conhecimento" (Paula, 2019).

Nesse contexto, vale citar a tese de Reis (2009) "Perdas na colheita mecanizada da cana-de-açúcar crua em função do desgaste das facas do corte de base" e o artigo de Cassia (2014), "Desgaste das facas do corte basal na qualidade da colheita mecanizada de cana-de-açúcar", pois ambos arquivos utilizam de estatística descritiva para analisar desgaste de facas de corte basal.

A tese, obtém uma média de desgaste (Tabela 1) entre 22,69 g a 18,68 g (a depender dos tratos culturais adotados no preparo de solo), em 8 horas de uso, sendo as duas últimas horas realizadas com a faca virada, entretanto, não especifica o material e tipo de faca, mas ilustra suas dimensões e apresenta imagem da faca após o uso (Quadro 1).

Tabela 1. Estatística Descritiva para desgaste das facas do corte basal

Atributos	*Tratamentos*	*Média*	*Mediana*	*Amplitude*	*Desvio*	*Coeficiente (%)*			*AD*[*]
		(g)				*Variação*	*Curtose*	*Assimetria*	
0 - 2h	(AR+GM)	6,12 a	6,25	5,37	1,60	26,12	0,14	-0,47	N
	(GP+GM)	5,19 a	5,19	3,81	1,23	23,61	-0,22	0,36	N
2 - 4h	(AR+GM)	5,11 a	5,25	3,00	0,92	17,91	-0,46	-0,19	N
	(GP+GM)	5,99 a	5,67	3,57	1,23	20,50	-0,84	0,69	N
4 - 6h	(AR+GM)	5,72 a	5,51	4,08	1,39	24,20	0,07	1,00	N
	(GP+GM)	3,47 b	3,32	2,79	0,99	28,40	-1,35	0,08	N
6 - 2h[(v)]	(AR+GM)	5,74 a	5,22	3,78	1,51	26,28	-1,84	0,30	N
	(GP+GM)	4,02 a	3,76	3,62	1,21	30,11	-1,41	0,11	N
TOTAL	(AR+GM)	22,69 a	21,80	10,87	3,76	16,57	-1,15	0,27	N
	(GP+GM)	18,68 a	18,34	11,67	3,66	19,59	-0,19	0,49	N

*AR = arado de aivecas; GP = grade pesada; GM = grade média. Médias seguidas de mesmas letras minúsculas entre atributos não diferem entre si, pelo teste de Tukey, a 5% de probabilidade. * Distribuição de frequência pelo teste de Anderson-Darling ($\alpha = 0,05$): N = normal; A = assimétrica; [(v)] Tempo trabalhado com a faca virada.*

Fonte: Reis (2009)

Quadro 1. Ilustração da faca utilizada nos testes de Reis (2009).

Ilustração das dimensões da faca	Ilustração da faca após uso
Espessura: 5 mm 90 mm 170 mm	

Fonte: Adaptado de Reis (2009)

Já o artigo, apresenta em seu teste uma média de taxa de desgaste de 3,51 gramas por hora (Tabela 2), para facas do tipo retangulares de dois gumes, de aço SAE 9260, com bordas lisas e dimensões iniciais de 220 mm de comprimento, espessura de 6,30mm, e massa média de 835g.

Tabela 2. Estatística descritiva para as variáveis taxa de desgaste das facas, altura do corte de base, e danos às soqueiras: sem danos, danos periféricos e fragmentados

Tabela 1 - Estatística descritiva para as variáveis taxa de desgaste das facas, altura do corte de base e danos causados às soqueiras: sem danos, danos periféricos e fragmentados.

Parâmetros	Taxa desgaste (g h^{-1})	Altura de corte (mm)	Danos às soqueiras (%)		
			Sem Danos	Danos Perif.	Fragmentados
Média	3,51	37,78	20,97	45,07	33,96
Mediana	3,49	35,38	18,33	42,26	33,33
Amplitude	3,56	113,83	100,0	100,0	100,0
Desvio Padrão	0,74	20,75	21,10	24,20	24,01
CV(%)	20,95	54,94	100,64	53,68	70,70
Cs(%)	0,19	1,19	1,01	0,48	0,31
Ck(%)	0,58	2,49	1,26	-0,08	-0,41
AD*	N	N	-	N	N

CV: coeficiente de variação; Cs: coeficiente de assimetria; Ck: coeficiente de curtose.
*AD: teste de normalidade de Anderson-Darling (N: distribuição normal)

Fonte: Cassia *et al.* (2014)

3 MATERIAIS E MÉTODOS

Os Testes de Novos Equipamentos e Materiais contribuem diretamente com estratégias utilizadas no Método CIT & CSM de Viana (2000), buscando garantir a maior disponibilidade e confiabilidade dos ativos, aliado a um ótimo custo/benefício e atendendo aos requisitos de segurança e ambiental. Nesse método, os testes fazem parte das Modificações e Melhorias presentes no Macroprocesso da Função Manutenção, logo, uma atividade essencial na escolha dos melhores e mais viáveis materiais e equipamentos.

Figura 1. Macroprocesso da Função Manutenção

MACROPROCESSO DA FUNÇÃO MANUTENÇÃO

Fonte: Adaptado de Viana (2020)

Ao se deparar com a problemática buscou-se realizar o planejamento do teste, pois a partir dele pode-se especificar O quê (de quê se trata, qual o objeto de estudo), Como (a metodologia utilizada), Onde (local: laboratório, campo, oficina etc.), Quem (responsáveis e envolvidos nos testes), Quando (cronograma dos testes) e com o quê se realizaria os testes (as ferramentas e instrumentos necessários).

Além disso, sabe-se que os testes fazem parte do projeto de qualquer equipamento/material, como exemplo, a faca B estava em fase de teste, segundo seu fabricante. Logo, de acordo com Brandão (2020, p. 21) para um projeto ser resolvido deve ser dividido em “estágios de complexidade menor a fim de encontrar soluções parciais mais simples, que auxiliarão a solucionar o problema de projeto inicial”.

Esses estágios podem ser divididos em fases, etapas e atividades de acordo com Maribondo (2000). Portanto, para realização dos testes foi elaborado o seguinte processo metodológico dividido em fases e etapas (Figura 2).

Figura 2. Processo metodológico para realização de testes

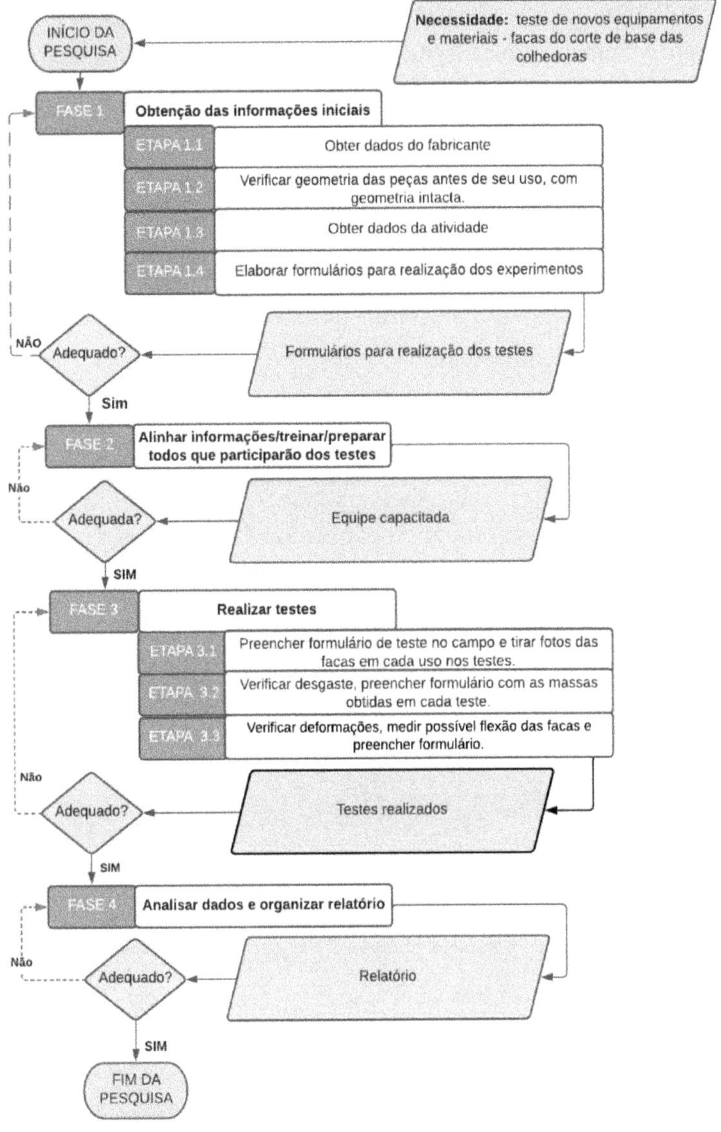

Fonte: Adaptado de Maribondo (2000)

A figura anterior ilustra o processo que o teste seguiu. Ele se inicia a partir da necessidade de se realizar o teste, dando início a pesquisa. Na FASE 1, foi necessário conhecer a problemática, para a partir dela elaborar os formulários de teste, feito isso, na FASE 2, verificou-se se as pessoas envolvidas possuíam o treinamento/capacitação para realizá-los, se não, deveriam ser capacitadas e treinadas, após isso, partiu-se para a FASE 3, onde ocorreram os testes de fato, preencheram-se os formulários e se verificou os principais parâmetros, e, por fim, foram analisados todos os dados obtidos, tendo como resultado final o relatório de teste e finalização da pesquisa. Os resultados em cada fase foram sempre avaliados, em caso de avaliação positiva seguia-se o fluxo e, em caso de resposta negativa, retornavam-se a estágios anteriores até se suprir as falhas identificadas.

3.1 FASE 1

Na Fase 1, realizaram se as etapas: 1.1- Obter dados dos fabricantes (Quando 2), 1.2- Verificar geometria das peças (Quadro 3), 1.3. Obter dados da atividade (Quadro 4) e 1.4- Elaboração dos formulários de teste (Figura 5).

Quadro 2. Dados fornecidos pelos fabricantes das facas do corte de base das colhedoras

FASE 1 – ETAPA 1.1 – Dados fornecidos pelos fabricantes das facas do corte de base		
	Faca A	**Faca B**
Espessura	6~6,35 mm	6 ~ 6,3
Quantidade de furos	6	6
Comprimento	267 mm	264 ~ 266 mm
Afiação	Laterais e pontas	Laterais e pontas
Material	Liga de aço ao boro	Liga de aço ao boro
Tratamento térmico	Sim (não especifica)	Têmpera e revenido
Dureza (HRC)	51 + ou – 2 (49 a 53)	53 a 57
Ângulo de corte	8º	15º
Quinas de corte	4	4
Revestimento	Liga carbeto tungstênio, 65 % WC	Liga carbeto tungstênio
Utilização	Corte mecanizado de cana-de-açúcar	Corte mecanizado de cana-de-açúcar
Valor unitário	R$ 42,76	R$ 35,00

Fonte: Autoria própria

Do Quadro 2, observa-se que ambas facas possuem dimensões similares, são feitas de liga de aço ao boro, passam por tratamentos térmicos e possuem revestimento de liga de carbeto tungstênio nas quinas de corte, além disso, possuem como principais diferenças o ângulo de corte, a dureza e o custo unitário.

Após obtidos os dados dos fabricantes, buscou-se verificar as características geométricas das facas, para tal, foram tiradas fotos, feito medições com paquímetro, modelagens 3D e desenhos técnicos, vide Quadro 3.

Quadro 3. Verificação da geometria e dimensões das facas

	FOTOS	MODELAGEM 3D	DESENHO TECNICO
Faca A	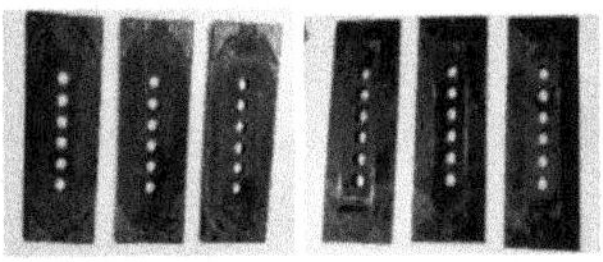	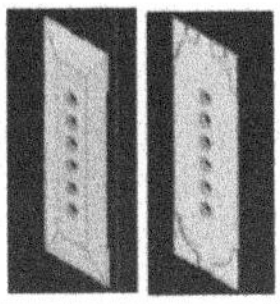	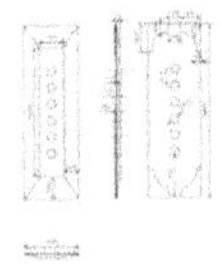
Faca B	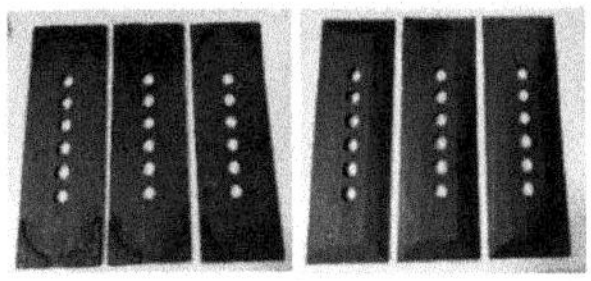		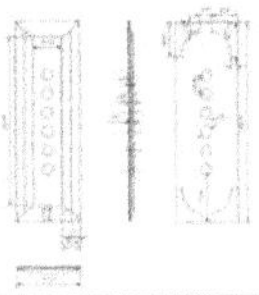

Fonte: Autoria própria

Feito isso, constatou-se as principais diferenças geométricas e dimensionais (Figura 3 e 4) das facas como sendo: 1- o chanfro (a FACA A possui chanfro único em todos os lados da parte superior da faca, ao passo que a FACA B possui dois chanfros em cada lateral do comprimento) e 2- as dimensões: e,o,t.

Figura 3. Principais diferenças geométricas e dimensionais entre as facas A e B

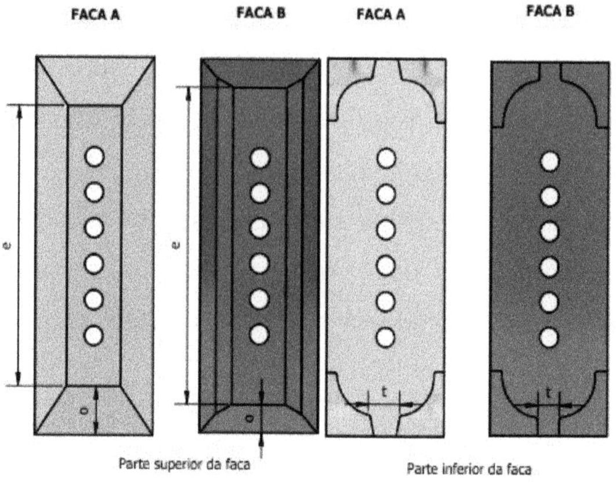

FACA A FACA B FACA A FACA B

Parte superior da faca Parte inferior da faca

Fonte: Autoria própria

Figura 4. Comparação dimensional das facas

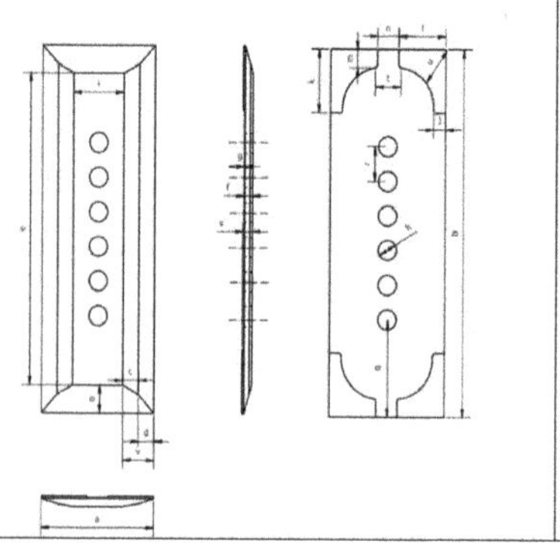

Dimensões das Facas (Unidade em mm)		
Dimensões	Faca A	Faca B
a	90	89,5
b	268	265
c+d= v	24,5	24,75
e	199	225
f	6	6
g	0,5	0,5
h	14	14,29
i	41	40
j	8	9~10
k	44 ; 45; 45; 46	46
l	35; 35,4; 37; 37,4	35; 35,4; 37; 37,5
m	15	13
n	17	16,5
o	34,5	20
q	70,5	70
r	25,4	25
t	23	16,5
u	28~29	25~28
x	8,66	7,38

Fonte: Autoria própria

Para obtenção dos dados do processo, foram realizadas visitas ao campo, verificado como é realizada a troca e giro das facas e colhido informações com os operadores, líderes e supervisor da área de colhedoras. O resumo das informações obtidas está sintetizado no Quadro 4.

Quadro 4. Informações da atividade

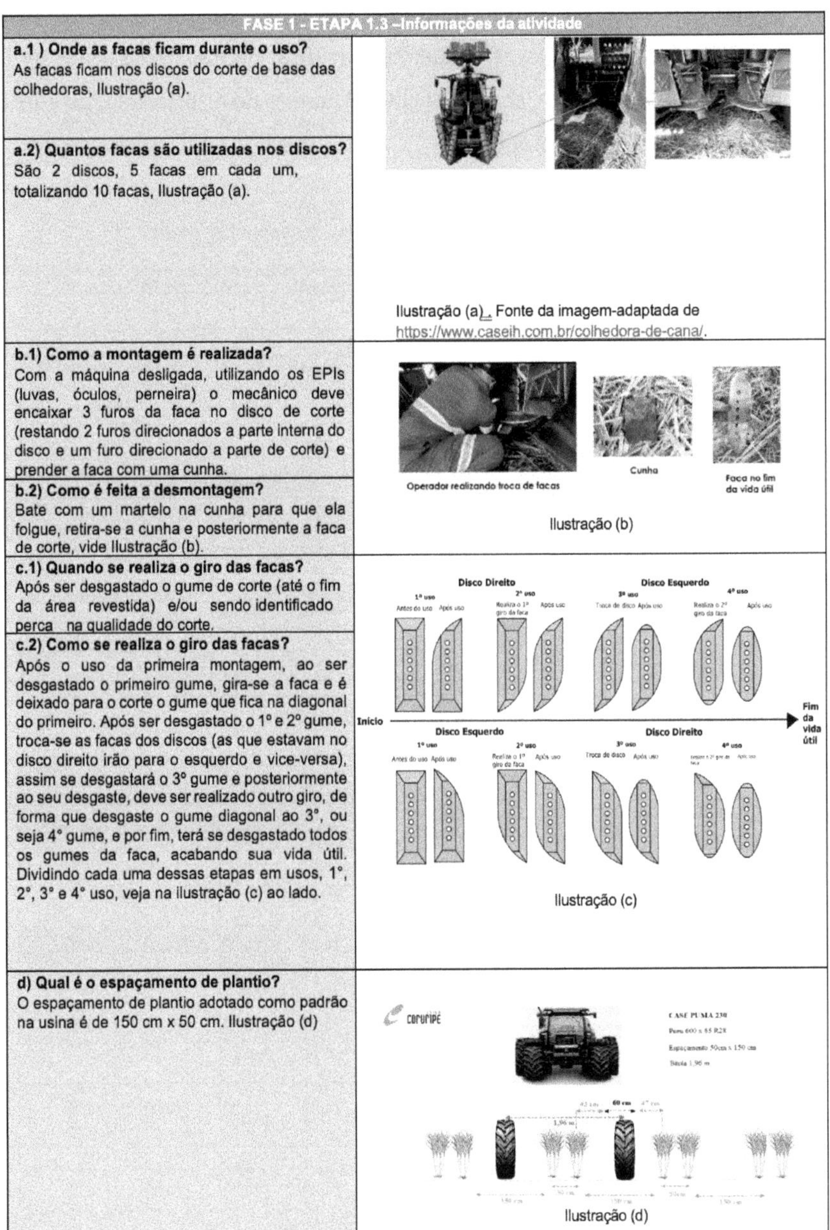

FASE 1 - ETAPA 1.3 –Informações da atividade	
a.1) Onde as facas ficam durante o uso? As facas ficam nos discos do corte de base das colhedoras, Ilustração (a). **a.2) Quantos facas são utilizadas nos discos?** São 2 discos, 5 facas em cada um, totalizando 10 facas, Ilustração (a).	Ilustração (a). Fonte da imagem-adaptada de https://www.caseih.com.br/colhedora-de-cana/.
b.1) Como a montagem é realizada? Com a máquina desligada, utilizando os EPIs (luvas, óculos, perneira) o mecânico deve encaixar 3 furos da faca no disco de corte (restando 2 furos direcionados a parte interna do disco e um furo direcionado a parte de corte) e prender a faca com uma cunha. **b.2) Como é feita a desmontagem?** Bate com um martelo na cunha para que ela folgue, retira-se a cunha e posteriormente a faca de corte, vide Ilustração (b).	Operador realizando troca de facas; Cunha; Faca no fim da vida útil. Ilustração (b)
c.1) Quando se realiza o giro das facas? Após ser desgastado o gume de corte (até o fim da área revestida) e/ou sendo identificado perca na qualidade do corte. **c.2) Como se realiza o giro das facas?** Após o uso da primeira montagem, ao ser desgastado o primeiro gume, gira-se a faca e é deixado para o corte o gume que fica na diagonal do primeiro. Após ser desgastado o 1° e 2° gume, troca-se as facas dos discos (as que estavam no disco direito irão para o esquerdo e vice-versa), assim se desgastará o 3° gume e posteriormente ao seu desgaste, deve ser realizado outro giro, de forma que desgaste o gume diagonal ao 3°, ou seja 4° gume, e por fim, terá se desgastado todos os gumes da faca, acabando sua vida útil. Dividindo cada uma dessas etapas em usos, 1°, 2°, 3° e 4° uso, veja na ilustração (c) ao lado.	Disco Direito; Disco Esquerdo; 1° uso; 2° uso; 3° uso; 4° uso; Início; Fim da vida útil; Disco Esquerdo; Disco Direito. Ilustração (c)
d) Qual é o espaçamento de plantio? O espaçamento de plantio adotado como padrão na usina é de 150 cm x 50 cm. Ilustração (d)	Ilustração (d)

Fonte: Autoria própria

Após obtidas as informações das etapas anteriores, foram elaborados os formulários para os testes (Figura 5). Como a amostra fornecida pelo fabricante B só tinham 15 facas, planejou-se realizar no máximo 3 testes (pois se houvesse quebra de faca, seria reduzido o número de testes) cada um com 5 facas do modelo A e 5 do modelo B.

Figura 5. Ilustração dos formulários de teste elaborados

CORURIPE — FORMULÁRIO PARA TESTE DAS FACAS DO CORTE DE BASE DAS COLHEDORAS NO CAMPO

Teste: ( ) 1 ( ) 2 ( ) 3 — Data do Início do teste: — Data do fim do teste:

Modelo da Colhedora: — Nº de frota:

[illegible]								OBSERVAÇÕES
	Data e hora (Início)	Data e hora (Fim)	Fotos (de todas as facas, parte superior e inferior)	Horímetro elevador (Início)	Horímetro elevador (Fim)	Facas - disco direito (X)	Facas- disco esquerdo (X)	
1º Uso			( ) ok			( ) A ( )B	( ) A ( )B	
2º Uso			( ) ok			( ) A ( )B	( ) A ( )B	
3º Uso			( ) ok			( ) A ( )B	( ) A ( )B	
4º Uso			( ) ok			( ) A ( )B	( ) A ( )B	
	Qualidade do corte (x)	Quantidade de facas quebradas/ danificadas	Motivo das quebras	Altura do corte (mm)		Matrícula de quem fez o teste	Matrícula do líder	
1º Uso	( )Bom ( )Ruim ( )Normal	A(____) B (____)						
2º Uso	( )Bom ( )Ruim ( )Normal	A(____) B (____)						
3º Uso	( )Bom ( )Ruim ( )Normal	A(____) B (____)						
4º Uso	( )Bom ( )Ruim ( )Normal	A(____) B (____)						

[illegible]						OBSERVAÇÕES
	Localidade	Tempo	Tipo de solo	Choveu no dia anterior?	Choveu durante o teste?	
1º Uso		( )Seco ( )Chuvoso ( )Nublado				
2º Uso		( )Seco ( )Chuvoso ( )Nublado				
3º Uso		( )Seco ( )Chuvoso ( )Nublado				
4º Uso		( )Seco ( )Chuvoso ( )Nublado				

Assinatura do Supervisor __________ Assinatura da estagiária __________

CORURIPE — FORMULÁRIO PARA OBTENÇÃO DAS MASSAS DAS FACAS DO CORTE DE BASE DAS COLHEDORAS

Nome de quem fez as medições:	Matrícula:
Balança utilizada:	Data:

[illegible]		
Faca: Modelo A		
Número de facas (n):	5	Data da medição:
[illegible]	[illegible]	
x1		
x2		
x3		
x4		
x5		
$\sum_{i=1}^{n} xi = x1 + x2 + x3 + x4 + x5$		
[illegible]		
$\bar{X}_0 = \frac{1}{n}\sum_{i=1}^{n} xi$	$\bar{X}_0 =$	

[illegible]		
Faca: Modelo B		
Número de facas (n):	5	Data da medição:
[illegible]	[illegible]	
x1		
x2		
x3		
x4		
x5		
$\sum_{i=1}^{n} xi = x1 + x2 + x3 + x4 + x5$		
[illegible]		
$\bar{X}_0 = \frac{1}{n}\sum_{i=1}^{n} xi$	$\bar{X}_0 =$	

Assinatura da Estagiária __________

Assinatura do Supervisor __________

CORURIPE — FORMULÁRIO PARA OBTENÇÃO DAS MASSAS DAS FACAS DO CORTE DE BASE DAS COLHEDORAS

[illegible]		
[illegible]	[illegible]	[illegible]
$\bar{X}_0$		
$\bar{X}_1$		
$\bar{X}_2$		
$\bar{X}_3$		
Média aritmética dos testes válidos, $\bar{X}_t = \frac{\sum \bar{X}_i}{N}$ Sendo, N o número de testes válidos		

[illegible]			
[illegible]		[illegible]	[illegible]
Desgaste no teste 1	$D1 = \bar{X}_0 - \bar{X}_1$		
	$D1\% = \frac{D1 \times 100\%}{\bar{X}_0}$		
Desgaste no teste 2	$D2 = \bar{X}_0 - \bar{X}_2$		
	$D2\% = \frac{D2 \times 100\%}{\bar{X}_0}$		
Desgaste no teste 3	$D3 = \bar{X}_0 - \bar{X}_3$		
	$D3\% = \frac{D3 \times 100\%}{\bar{X}_0}$		
Desgaste Médio (Testes válidos)	$D = \bar{X}_0 - \bar{X}_t$		
	$D\% = \frac{D \times 100\%}{\bar{X}_0}$		

Assinatura da Estagiária __________

Assinatura do Supervisor __________

FORMULÁRIO PARA OBTENÇÃO DAS FLECHAS DE DEFORMAÇÃO DAS FACAS DO CORTE DO BASE DAS COLHEDORAS

Nome de quem fez as medições:	Matrícula:
Paquímetro:	Data da medição:

DESGASTE/DEFORMAÇÃO VERTICAL		
Distância entre a superfície superior da faca a uma superfície plana horizontal- Antes de uso (faca nova). y0	Distância entre a superfície superior da faca a uma superfície plana horizontal- Após uso. y	Flecha de deformação das facas: Y= y-ӯ0

[illegible]

Faca A

Faca (i)	y0 (mm)
1	
2	
3	
4	
5	
$\sum_{i=1}^{n} y0i$	
$\bar{y}0 = \frac{1}{n}\sum_{i=1}^{n} y0i$	

[illegible]

Faca B

Faca (i)	y0 (mm)
1	
2	
3	
4	
5	
$\sum_{i=1}^{n} y0i$	
$\bar{y}0 = \frac{1}{n}\sum_{i=1}^{n} y0i$	

Assinatura da Estagiária ________________________

Assinatura do Supervisor ________________________

Fonte: Autoria própria

A figura anterior apresenta os 3 tipos de formulários elaborados, um para acompanhar o teste realizado no campo, um para quantificar a perda mássica de cada modelo de faca, e um para verificar considerável desgaste/deformação vertical.

O formulário para o teste das facas do corte de base das colhedoras no campo foi elaborado de forma que sempre tivesse um líder da manutenção das colhedoras presente, visto que as colhedoras trabalham em todos os turnos e sempre há troca de operadores e mecânicos e seria mais fácil deixar alinhado com os líderes que são apenas 3.

Antes do teste quem realizava as trocas das facas eram os operadores das máquinas, mas como se estavam testando facas diferentes, optou-se por passar essa atividade para os mecânicos da oficina volante que acompanha a colheita, visto que eles sabem facilmente identificar as diferenças entre os modelos e estariam sempre sob supervisão dos seus líderes. Para se evitar confusão, foi elaborado aviso de teste e colocado em um lugar visível na máquina.

O Formulário de teste de campo teve como objetivo acompanhar o processo do uso das facas até o fim da vida útil, mostrando quando, onde, o tipo de solo, presença de chuvas (o que interfere na umidade do solo), se foram retiradas as fotos, apontado o valor do horímetro do elevador (que possui valores aproximados as horas do corte de base). Para fins comparativos, como eram poucos testes, buscou-se deixar algumas variáveis constantes, realizando todos os testes na mesma máquina, os mesmos operadores, e ambas as facas estariam percorrendo regiões de mesmo solo instantaneamente. Para as demais variáveis significativas fez-se o registro e acompanhamento para controle.

O Formulário para obtenção das massas das facas teve como intuito verificar a variação das massas antes e após o fim da vida útil, visto que essa variação se dá primordialmente devido ao desgaste sofrido durante o uso, sendo um parâmetro para comparar o desgaste sofrido pelas lâminas. A principal ferramenta utilizada para esse teste foi a balança BG 8000 GEHAKA (máx: 8000g, mín: 5g, desvio: 0,1g, erro:1g), seguindo os cuidados necessários de acordo com seu manual quanto a calibração e uso dela.

Por fim, o Formulário para obtenção do desgaste/deformação vertical das facas de corte de base das colhedoras teve como intuito verificar desgastes superficiais e/ou possível flexão das facas. Para tal, foi medida a distância entre a superfície superior da faca a uma superfície plana horizontal, de uma amostra de 5 facas (de cada modelo) antes do uso, e de todas as facas após o fim da sua vida útil em cada teste. Feito isso, verificou-se, se houve aumento (Y+) ou diminuição (Y-) dessa medida. Para valores negativos menores que a espessura de revestimento, consideramos como sendo desgaste superficial, já para valores positivos, consideramos que a faca fletiu.

3.2 FASE 2

A Fase 2 foi para alinhar as informações, explicar como o teste seria aplicado e treinar os demais participantes dos testes, operadores, mecânicos, líderes, supervisor, fiscal de operação.

3.3 FASE 3

Na Fase 3 tem-se a efetivação dos testes, estes foram realizados entre novembro a dezembro de 2022. Foram aplicados 3 testes, os Testes 1 e 2 foram realizados com sucesso, já o terceiro teste, nas trocas de turno, por força do hábito um operador trocou as facas sem comunicar a equipe de manutenção e sem fazer o devido registro do teste, invalidando o mesmo.

Nessa fase foi feito o acompanhamento dos testes e o preenchimento dos formulários. Os principais resultados obtidos a partir do formulário de teste no campo, seu acompanhamento e a identificação das facas após o fim de sua vida útil estão resumidos na Figura 6, Quadros 5 e Quadro 6.

Figura 6. Gráficos das horas elevador obtidas nos testes

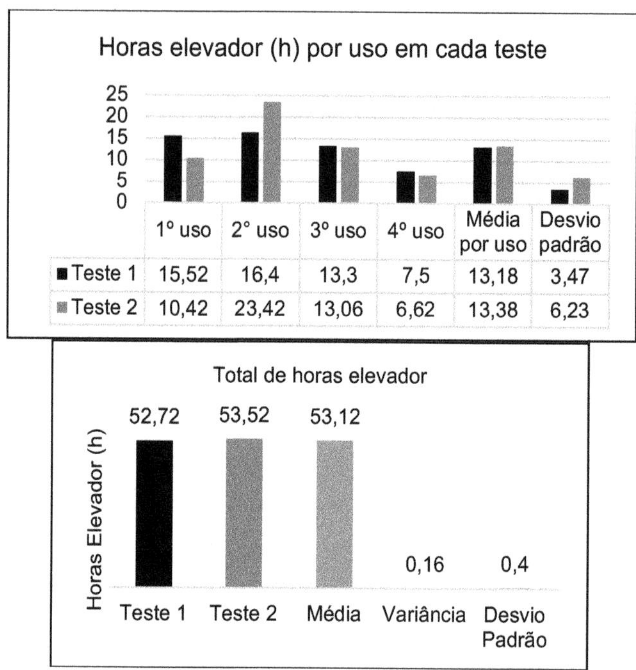

Fonte: Autoria própria

Quadro 5. Principais resultados obtidos a partir do formulário de teste de campo e fotos

	Variedade da cana	Observações
Teste 1	**1° uso:** CTC 9004; RB 07818. **2°, 3° e 4° uso:** RB 867515.	1° e 2° uso de ambas facas foram os que tiveram maior desgaste da parte revestida;3º e 4º uso tiveram desgaste menor da parte revestida que os usos anteriores, principalmente a faca B no terceiro uso. Vide Quadro 6 (a)
Teste 2	**1° uso:** RB 867515; RB 92579. **2° e 3° uso:** RB 92579. **4° uso:** RB 011549.	No 2° uso, a faca A apresentou o desgaste mais acentuado, tanto quanto aos outros usos, quanto ao mesmo da faca B; No 4º uso houve pouco desgaste da parte revestida de ambas facas, qualidade de corte ruim e a maior altura de corte registrada nos testes (115 mm). Vide Quadro 6 (b) e (c).
Teste 3	**1° uso:** RB 92579; **2°~3° uso**: RB 92579; RB 0442.	Experimento cancelado por falta de registro entre o 2° e 3° uso. Total de horas elevador 26,94 (1° uso: 11,98, 2°~3° uso: 14,96).

Fonte: Autoria própria

Quadro 6. Identificação de cada uso das facas após o fim de sua vida útil (a) e (b) e ilustração da qualidade de corte ruim no 4° uso do teste 2 (c)

Teste 1	Teste 2	Evidência de qualidade de corte ruim no 4° uso do Teste 2
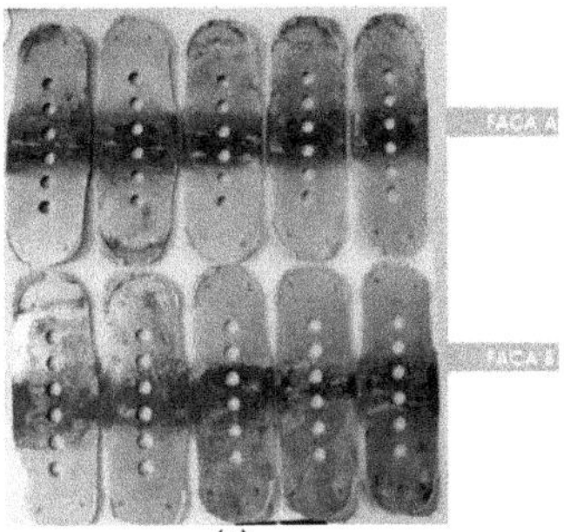 (a)	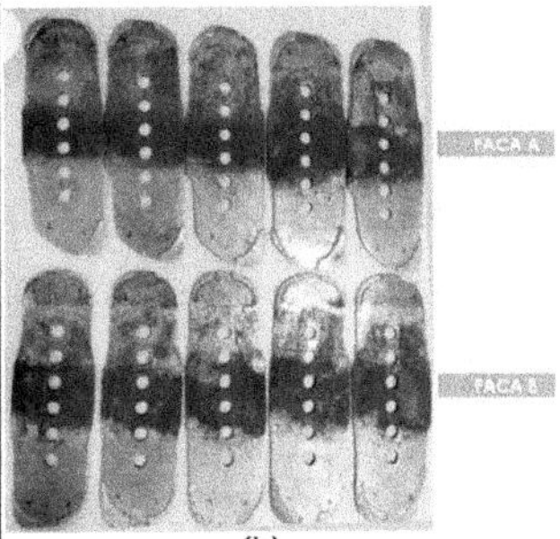 (b)	 (c)

Fonte: Autoria própria

Das informações obtidas, considerando os testes válidos, verificou-se que não houve quebra de facas, foi obtido uma média de 53,12 horas elevador para o corte de base, em regiões de solo majoritariamente argissolo amarelo distrófico, tanto em condições de tempo seco quanto chuvoso, entretanto, com solo majoritariamente úmido, pois tiveram chuvas fortes pouco antes do Teste 1 e durante o Teste 2.

Além disso, verificou-se uma média de 13,28 horas em cada uso, entretanto ele teve grande variabilidade, com um mínimo de 6,62 h e um máximo de 23,42 horas. Essa discrepância pode se dar por diversos motivos, planicidade do solo, verticalidade da cana-de-açúcar (se estava mais em pé ou deitada), se era cana planta (a primeira produção de colmos após o plantio), a altura de corte, desgaste prévio de giro anterior da faca, impacto com pedras, experiência operacional, dentre outros.

Já quanto aos formulários para obter as massas e desgastes das facas, os principais resultados estão sintetizados na Figura 7.

Figura 7. Gráficos com desgaste médio das facas

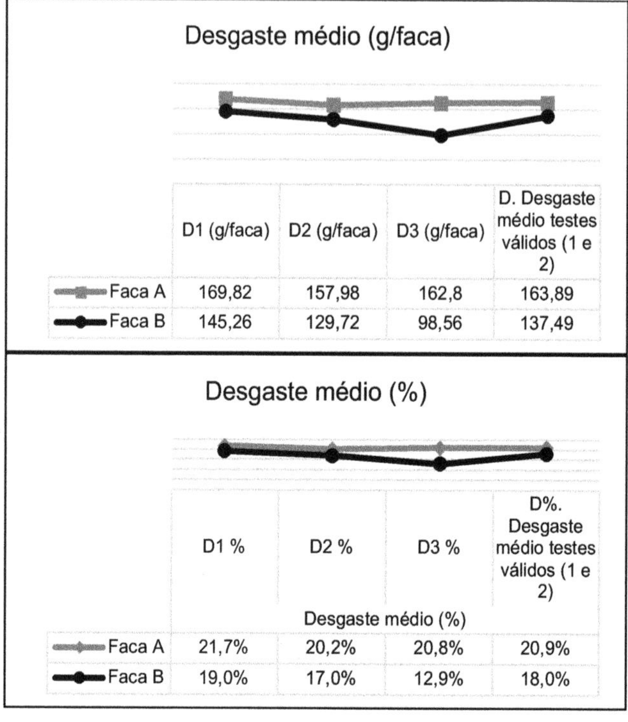

Fonte: Autoria própria

Dos resultados sintetizados na figura anterior, considerando os testes válidos, a Faca B teve 14,01% de desgaste a menos que a Faca A, tendo um desgaste médio de 137,49 g/faca. Além disso, relacionando esse resultado com a média de horas elevador, temos 3,07 g/(faca.h) para a faca A e 2,60 g/(faca.h) para a faca B.

Após analisado a perda mássica, a próxima etapa foi verificar deformações significativas. Dos formulários para verificar deformações/desgastes verticais das facas e de fotos tiradas durante o experimento, têm-se os resultados ilustrados no Quadro 7,

Quadro 7. Principais resultados obtidos na verificação das deformações/desgastes verticais das facas

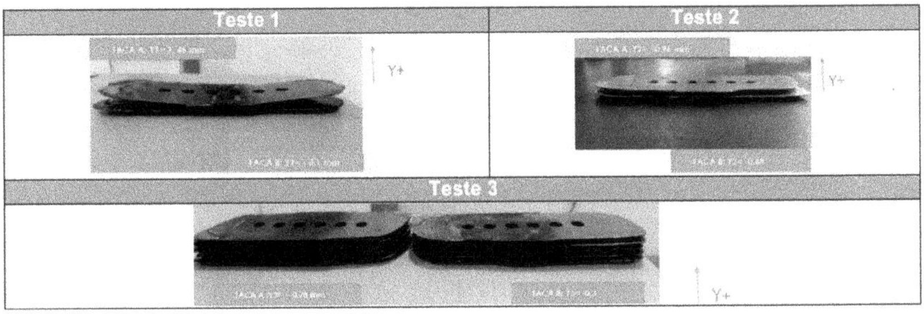

Teste 1	Teste 2
Y+	Y+
Teste 3	
Y+	

Fonte: Autoria própria

Do quadro 7, temos que no Teste 1 a Faca A apresentou uma flecha de deformação média de -3,46 mm, ou seja, ela fletiu. Essa deformação acentuada pode ter sido eventual, tendo em vista que houve relato de que o disco em que ela se encontrava bateu de encontro a pedra/s de tamanho considerável (teve manutenção corretiva para trocar fusível por causa desse impacto) e no Teste 2 a deformação acentuada não se repetiu. Ao passo que, a Faca B não apresentou deformações por flexão de forma considerável.

4 RESULTADOS E DISCUSSÃO

Analisando as informações colhidas em todo o decorrer da pesquisa temos,

- Quanto à fragilidade: ambas facas se mostram eficientes (0 facas quebradas);
- A duração média das facas foi de 53,12 horas elevador.
- Quanto à resistência ao desgaste: a Faca B se mostrou melhor, com 14,01% de desgaste a menos que a Faca A. O que colabora para uma durabilidade maior da faca B, tendo esta uma relação g/(faca.h) menor que a faca A.

- Deformação por flexão: Faca A apresentou no Teste 1, embora possa ter sido eventual, ao passo que a Faca B não teve flexão significativa nos testes.
- O modelo de Faca B é por unidade R$ 7,76 mais barato que o da Faca A.

Fazendo uma breve análise de custos, considerando a safra 2022/2023 temos que até o dia 17/12/2022 da safra foram gastos 6.013,30 horas elevador e uma produção de 475.815,81 toneladas de cana-de-açúcar mecanizada, calculando o proporcional para a previsão de produção da safra inteira que (1.158.000 toneladas) temos um total de 14.634,66 horas elevador para 8 colhedoras, o que daria 1829,33 horas elevador por colhedora.

Dos testes, tem-se 53,12 horas elevador para um conjunto de 10 facas, adotando esse valor para a Faca A e considerando os 14,01% a menos de desgaste da Faca B como aumento na sua vida útil, tem-se 60,56 horas elevador para a Faca B. Fazendo uma estimativa para a safra seguinte, com 12 colhedoras, 21.951,99 horas elevador, aproximando para um múltiplo inteiro considerando 12 colhedoras e 10 facas em cada uma, teríamos 4200 facas/safra para a Faca A e 3720 para a Faca B, tudo isso, em condições ideais, desconsiderando estoque e quebras das mesmas, levando em conta o custo de cada uma, temos o comparativo entre ambas sintetizado nos gráfico da Figura 8.

Figura 8. Gráficos com comparativo entre as facas testadas quanto a/ao: (a) quantidade de facas estimadas safra 2023/2024 (b) custo estimado para a safra 2023/2024

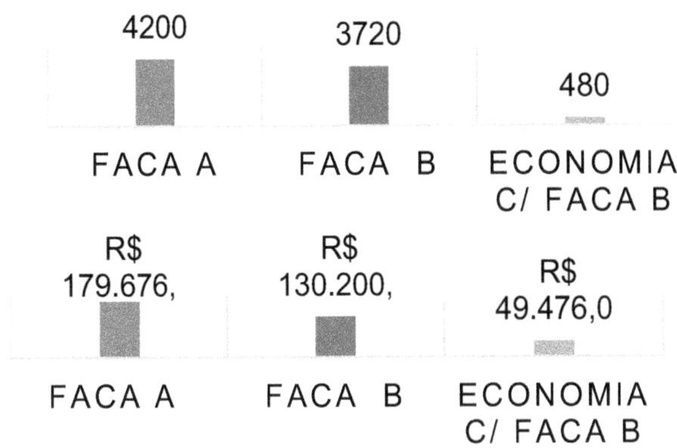

Fonte: Autoria própria

Dos gráficos da Figura 8 observa-se uma previsão de economia de 480 facas e redução de custo de R$ 49.476,00 utilizando a Faca B.

5 CONCLUSÃO

O teste realizado permitiu comparar um novo modelo de faca com o já utilizado, sendo ele (Faca B) um substituto em potencial, apresentando menor desgaste e redução de custo estimado de R$ 49.476,00 em uma safra.

Vale ressaltar que o resultado obtido pode variar para condições de testes diferentes (tipo de solo, condições climáticas, experiência operacional...). Além de que, foram realizados apenas 2 testes válidos, uma quantidade amostral pequena, embora a partir dos mesmos tenham se colhido informações de grande relevância.

Indica-se à Usina Coruripe Matriz, que caso opte por comprar as facas testadas, realizar um acompanhamento delas, fazendo um levantamento semanal (ou mensal) de quantas facas são requeridas e quantas quebradas ou com deformação significativa que inviabilize seu uso. E a partir de tal, ter um levantamento mais preciso da quantidade destas facas usadas durante a safra.

Além do que foi exposto, é importante deixar claro a responsabilidade ambiental da empresa, buscando reduzir o número de facas/safra e agindo de forma responsável após o fim da vida útil destas, realizando coleta seletiva e as encaminhando para reciclagem.

REFERÊNCIAS

BRANDÃO, Thiego Barros de Almeida. **Design e saúde**: especificações de projeto para o desenvolvimento de um novo jaleco para profissionais de saúde. Campina Grande, 2020. Universidade Federal de Campina Grande, UFCG.

CONAB - COMPANHIA NACIONAL DE ABASTECIMENTO. **Acompanhamento da safra brasileira de cana-de-açúcar**, Brasília, DF, v. 10, n. 4, abr. 2023.

CASSIA, Marcelo T.; SILVA, Rouverson P. da.; PAIXÃO, Carla S. S.; BERTONHA, Rafael S.; CAVICHIOLI, Fábio A. **Desgaste das facas do corte basal da colheita mecanizada de cana-de-açúcar**. Jaboticabal, SP, Brasil, 2014.

MARIBONDO, Juscelino de Farias. **Desenvolvimento de uma metodologia de projeto de sistemas modulares, aplicada a unidades de processamento de resíduos sólidos domiciliares.** Universidade Federal de Santa Catarina. Centro Tecnológico. Programa de Pós-Graduação em Engenharia Mecânica. Florianópolis, Santa Catarina, 2000.

NACHILUK, K. Alta na Produção e Exportações de Açúcar Marcam a Safra 2020/21 de Cana. **Análises e Indicadores do Agronegócio**, São Paulo, v. 16, n. 6, jun. 2021, p. 1-5. Disponível em: http://www.iea.sp.gov.br/out/TerTexto.php?codTexto=15925#:~:text=O%20Bras il%20%C 3%A9%20o%20maior,de%20litros%20de%20etanol1. Acesso em: 29 ago. 2023.

CANA ONLINE. **Nova tecnologia promete quadruplicar durabilidade das facas nas colhedoras.**22/06/2017. Disponível em: http://www.canaonline.com.br/conteudo/nova-tecnologia-promete-quadruplicar-durabilidade-das-facas-nas-colhedoras.html. Acesso em: 29 ago. 2023.

NETO, João Cirilo da Silva. **Metrologia e controle dimensional**: conceitos, normas e aplicações / João Cirilo da Silva Neto. 2. ed. Rio de Janeiro: Elsevier, 2018.

PAULA, Tainah de. **Estatística Descritiva**, 2019. Disponível em: http://www.capcs.uerj.br/estatistica-descritiva/. Acesso em: 29 ago. 2023.

VIANA, H. R. G. **Manual de Gestão da Manutenção**.1. ed. Brasília: ENGETELES, 2020. v. 1.

VIANA, H. R. G. **Manual de Gestão da Manutenção**. 1. ed. Brasília: ENGETELES, 2021. v. 2.

VOLTARELLI, Murilo A.; SILVA, Rouverson P. da.; CASSIA, Marcelo T.; ORTIZ, Danilo F.; TORRES, Luma S. **Qualidade do corte basal de cana-de-açúcar utilizando-se três modelos de facas**. 2015.

VOLTARELLI, M. A., SILVA, R. P. da; CASSIA, M. T., DALOIA, J. G. M., & PAIXÃO, C. S. S. Qualidade do corte basal de cana-de-açúcar efetuado por facas de diferentes angulações e revestimentos. **Revista Ciência Agronômica**, v. 48, n. 3, 438–447, 2017.

www.ingramcontent.com/pod-product-compliance
Ingram Content Group UK Ltd.
Pitfield, Milton Keynes, MK11 3LW, UK
UKHW021935200726
13853UKWH00011B/2184